やさしいねこ

うちの ぽー

太田康介

ねえ、ぽー。

この世界で起こることに、
偶然はひとつもないんだって。

初めて君を見かけて、
気になって仕方なかったことも。
うちの庭で生活し始めた、あの暑い夏の日も。
家族となって一緒に暮らしたことも。
初めて心触れ合う喜びも、一緒に眠った夜も。

それがもしも本当に運命で決まっていたとしたら、
神さまに何度もお礼を言わなくちゃね。
君と出会えて、
一緒に過ごす運命を準備してもらったのだから――。

やさしいねこの
登場ねこ

うちのねこ

ぼーのともだち

ぼーをいじめるねこ

CONTENTS

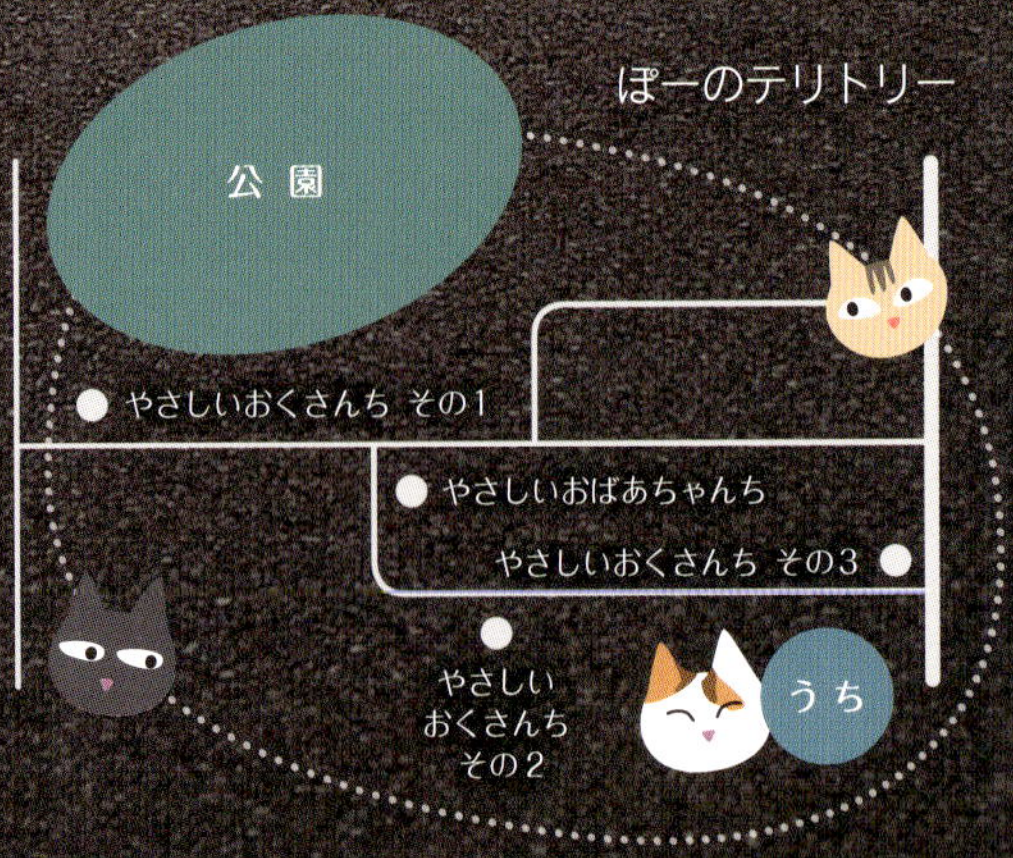

ぽーのテリトリー
公園
やさしいおくさんち その1
やさしいおばあちゃんち
やさしいおくさんち その3
やさしい
おくさんち
その2
うち

Scene 1

ブサイクでどんくさい野良猫、ぽー

「最近、公園に新しい猫がいるのを知っている？」

初めて野良猫の君を見かけたのは、近くにある公園だったね。
今までご飯をくれていた人から、もらえなくなってしまったのかな？

君は特にブサイクで表情も険しく、ひたすらご飯がもらえるのを待っていた。
いつご飯をもらえるのか分からなくてもじっと待っていたよね。

その姿を何度も見かけるうちに、誰もが君のことを愛おしくなっていたんだよ。

いかにも猫がいそうな公園です

しっぽの「ぽー」にロックオン

ある日、うちの近所の公園で白い猫を見かけた。しっぽの柄が特徴的な猫で、しっぽの「ぽー」と名づけた。

さあ〜、かなり警戒しているあいつを捕まえるぞ

突然だが私は、初めての「TNR」活動として、彼に狙いを定めていた。

その活動は、飼い主のいない猫の殺処分や苦情、事故死などを減らすためにも必要な措置なのだ。これから捕まえて去勢手術をさせてもらうが、許しておくれ。

TNRとは……

「Trap Neuter Return」の略で、飼い主のいない猫を保護し、去勢手術を受けさせた後に元の場所に戻すこと。繁殖を防止して無用に命を奪われる猫を減らすための措置で、「地域猫」として一代限りの命を見守っていく。去勢手術を受けた猫は、その目印として耳先にV字のカットを入れられる。

入れ、入るんだ、ぽー!!

賢い私は、いきなり手を出して野良猫を捕まえるなんてことはしない。あいつを捕まえるのには……これだ。

捕獲器1号(キャリーケース)。

捕獲器1号(キャリーケース)　※再現写真です

入り口までカリカリでおびき寄せて、さらにごちそうを中にセットする。カリカリですらあいつにはありがたいご飯なのに、マグロなんぞ入っていた日にゃもう卒倒するほど嬉しいに違いない。

ひょっとすると「お願いですからボクを捕まえてください」と懇願されるかもしれない。サービスで自分から扉を閉めてくれる可能性すらある。

いくらなんでもそれはないか……まあとにかく入ったら扉をバタンである。

完璧!　フフフ……。

落ちているカリカリを美味しそうに食べているのを見ていたら、ぽーと友達になれそうな気がしてきた。ひょっとして手からご飯も食べてくれるんじゃないか?　手にカリカリを乗せて出してみた。

バシッ！

血がでた。強烈な猫パンチでした。ツメぐらい切っといてほしい……。

結局私は叩かれ損だったが、状況は良いほうに向かっていた。ある日ぽーは、ゆっくりとキャリーケースのほうに誘導され、とうとう中に入った……。

……あかんやん

※再現写真です

※合成による再現画像です

ケースが小さくて体が全部入らない。

「ポリポリ」「クチャクチャ」と音が聞こえる。

あぁっ、中のおいしいご飯食べてる。食べてほしいけど全部食べないで……食べるなら全部入ってからにして……あぁ～食べてしまった……。

結局、ただのご飯タイムになっただけだった。ぽーの腹は膨れた。良かった良かった……じゃなくて！　何とか捕まえて去勢しないと！

ご飯のお礼にぽーが自分で扉を閉めてくれることは絶対にありえないことはもうわかっている。そこで、捕獲器2号「はいるくん」の登場だ。

猫が中に入ると、バネが作動して扉が閉まるようになっている。暴れて怪我をしないよう、針金やカットした鉄板のバリなどをヤスリで削っている。さらに、尻尾が挟まることを想定して厚紙でカバーした。

準備は整った。あとは「はいるくん」をセットするだけだが、どこに置くかが問題だ。これを持って近所をウロウロするのは、かなり怪しい人間丸出しになってしまう。できれば家の裏など目の届くところがいいのだが……。

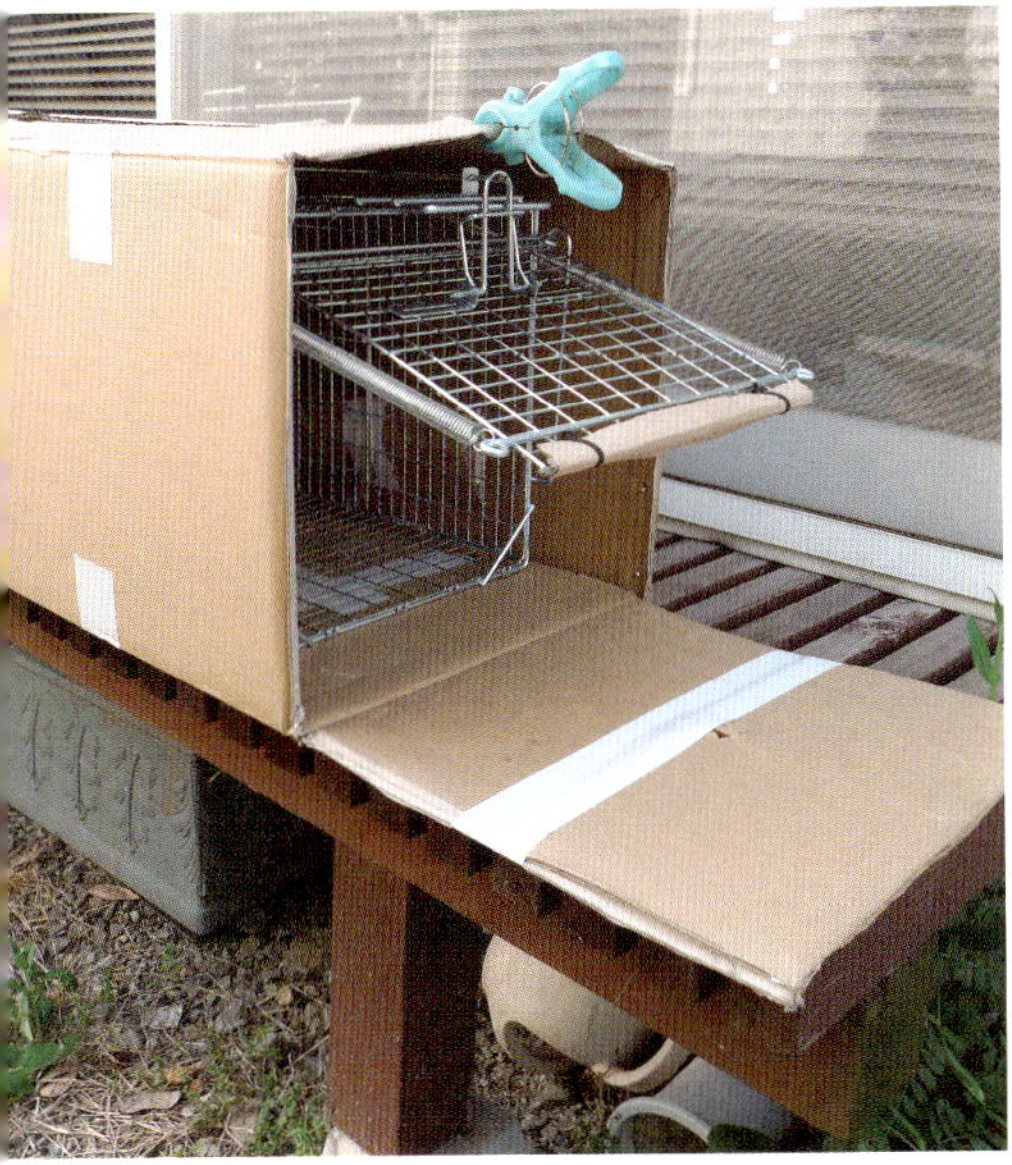

捕獲器2号「はいるくん」

野生の勘vs私の知力

ある日、日曜日にカミさんと公園の前を通りかかっていたら……。子供たちが遊んでいる片隅に、ぽーがぽーっと座っていた。

いたいたいたー!!

ここしばらく、姿を見せなかったぽーが現れた。このチャンスを逃してなるものか!

慌てて約100m離れた家に帰り、「はいるくん」を準備して車に積みこんだ。もうすでに10分が経過している。ひょっとしたらもう立ち去っているかもしれない。

ぽー、いてくれよ~!!

……まだいた。

ぽー、お前いい奴だなあ……。

よっしゃ、ほーれこの中においしいごはんがはいっているんだぞー。前回のように、カリカリを道路に置いて誘導していく。前回は失敗したものの、彼にとってはおいしいご飯を食べた良い思い出しかないはずだ。

尻尾も大丈夫みたい

だが、野良を甘くみてはいけない。いくら前回おいしいご飯をあげた印象の良い私でも、野性のアンテナなどが働いて危険を察知するかもしれない。ここはひとつ慎重に。そう、慎重にやらね……。

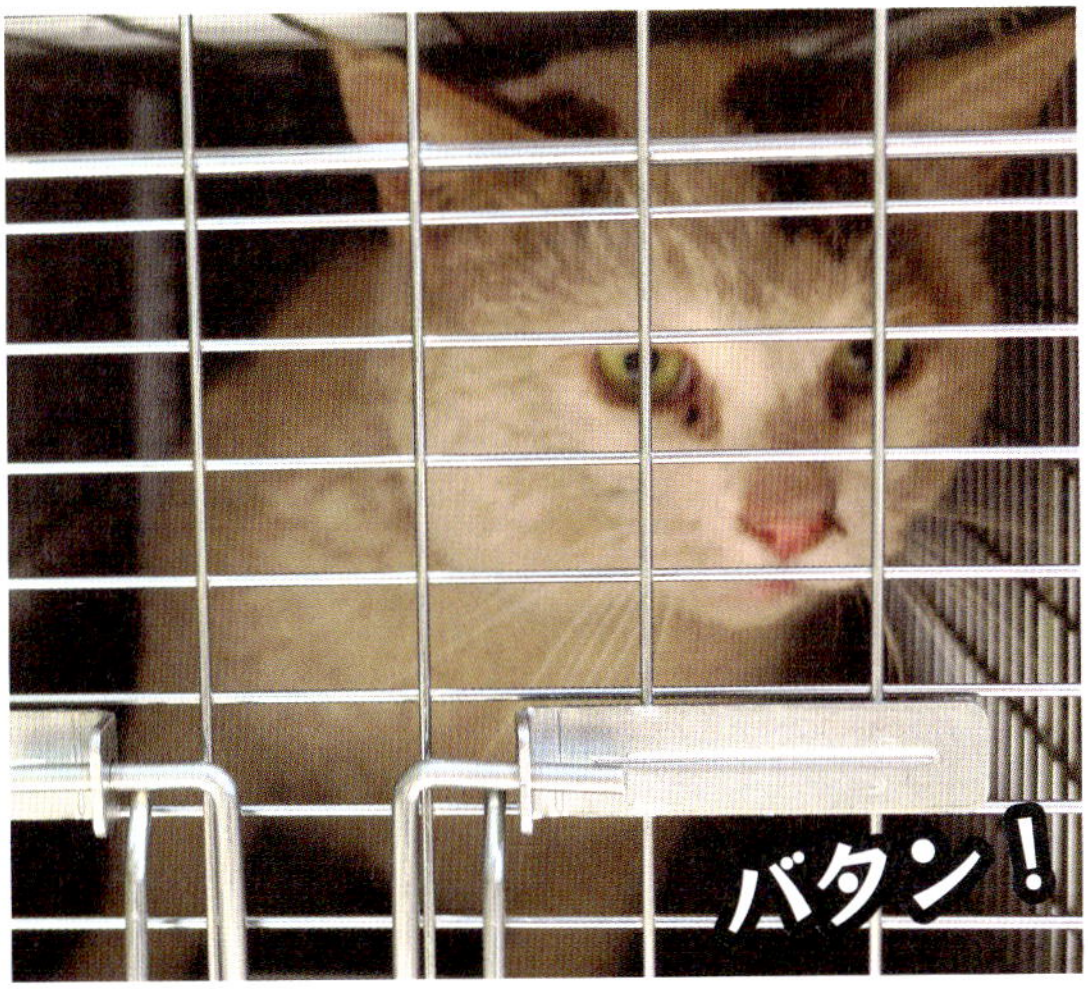

扉が閉まり、パニクるぽー

ええぇーっ!? なんていい子なの、ぽー。

扉が閉まると、安心してご飯を食べていたぽーも、さすがにびっくりしたようだ。

ごめんよう、
騙してごめんよう……

囚われの身

人間の狡猾な策に屈して囚われの身となった、ぽー。まずはケージ生活に入る。

保護した当初、ぽーは調子が余り良くなかったようだ。顔は汚く、よだれをずっと垂らしていた。手術の予約がてら医者に連れて行くと「風邪をひいている」と診断された。エイズ・白血病は両方陰性。良かった、風邪だけだ。薬をもらって、しばらく療養しような。

ぽーは去勢手術を受けた。今まで自由に生きてきたのにな、そりゃあタマランよな。男の私としても身がすくむような手術を終えたばかりだもんなあ。去勢を終えた印として耳もカットされたし……。

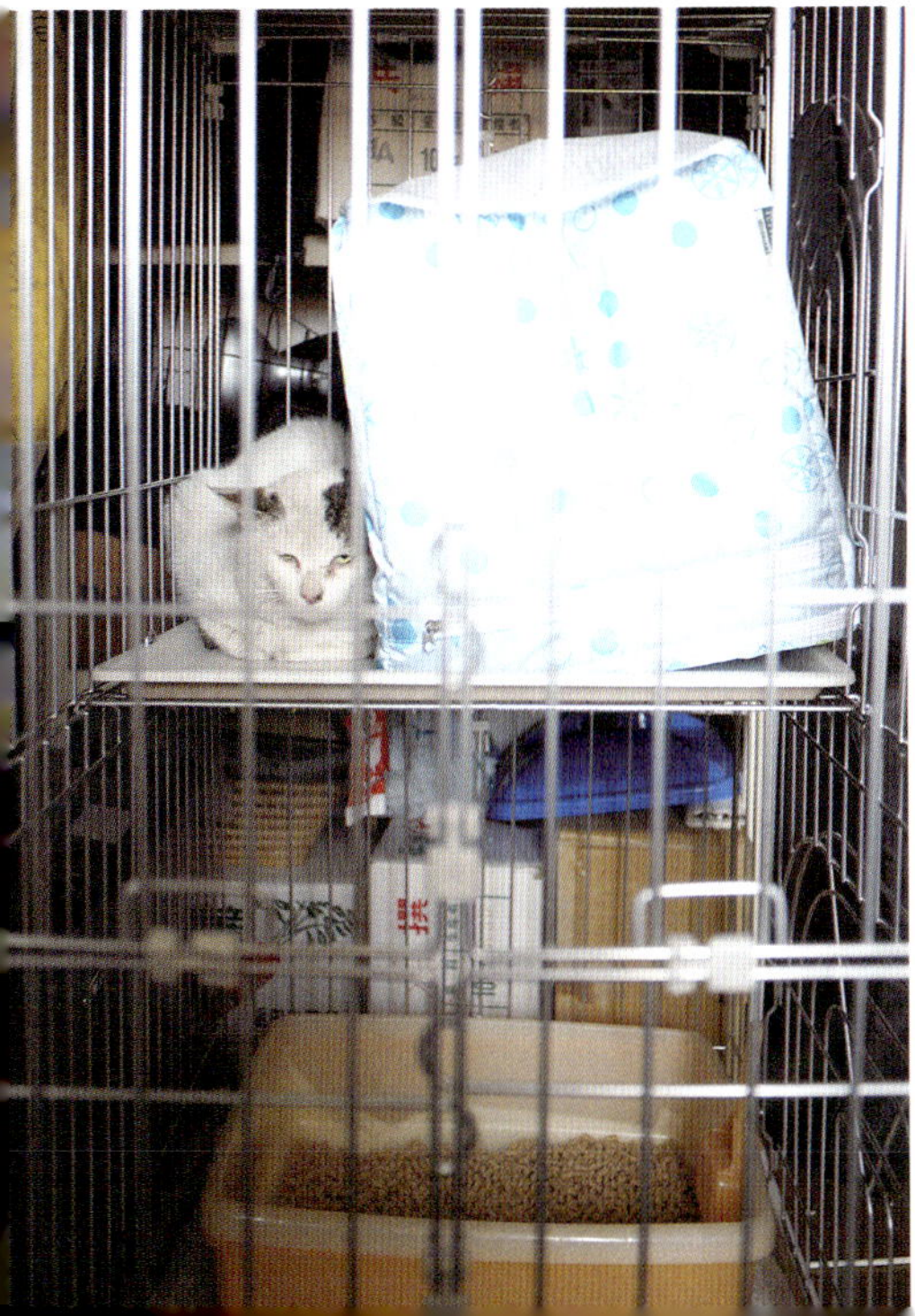

ケージの中のぽーは、せつない声で鳴いていた。それがまた、何とも言えないくらい可愛い声なんですよ。

このTNRが大事なことは頭ではわかっているけれど、ぽーにとっては迷惑なことだよな。ごめんよ。

エリザベスI世

手術が終わり、ぽーは首に大きなエリマキをつけられてしまった。これは手術した傷口を舐めないための措置だ。

だけど、笑っちゃいけないけど笑ってしまう。かわいい、かわいいよ。ぽー。エリザベスI世のようだ。知らんけど。……ごめんごめん、君はそれどころじゃないよな。傷がズキズキ傷んでいることだろう。申し訳ないけれど少しガマンしておくれ。

エリマキが邪魔して、ご飯も食べにくいし、水も飲みにくい。でも食欲は旺盛なぽー。

首輪には「キョセイズミ」の文字と私の携帯番号が書いてある。これはぽーの面倒を一生見ていくという誓いのつもりだ。

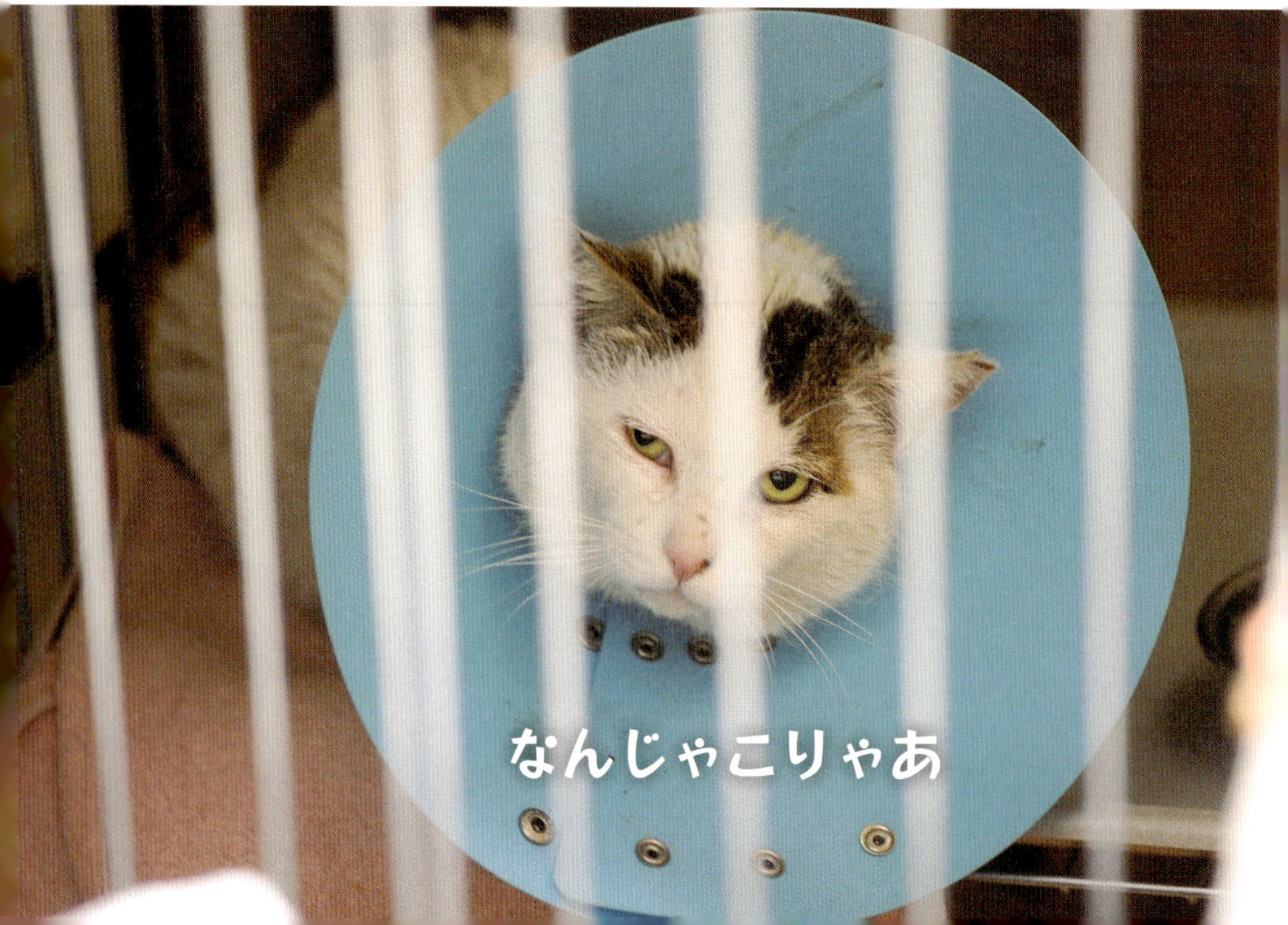

手術を終えて3日後、エリマキは外してやった。ぽーの野性の血はそろそろ限界に近づいている。いよいよ解放の時期に来たかな。

首輪をつけて、耳カットもした。カットした傷口も乾いてきている。よし、解放だ！

これでぽーは、野良猫ではなくなった。これからは太田家の外猫として面倒を見られると、この時は思っていたのだった。

毛並が乱れているぽー。ブラッシングしてやりたい

男の子ですから首輪は緑に

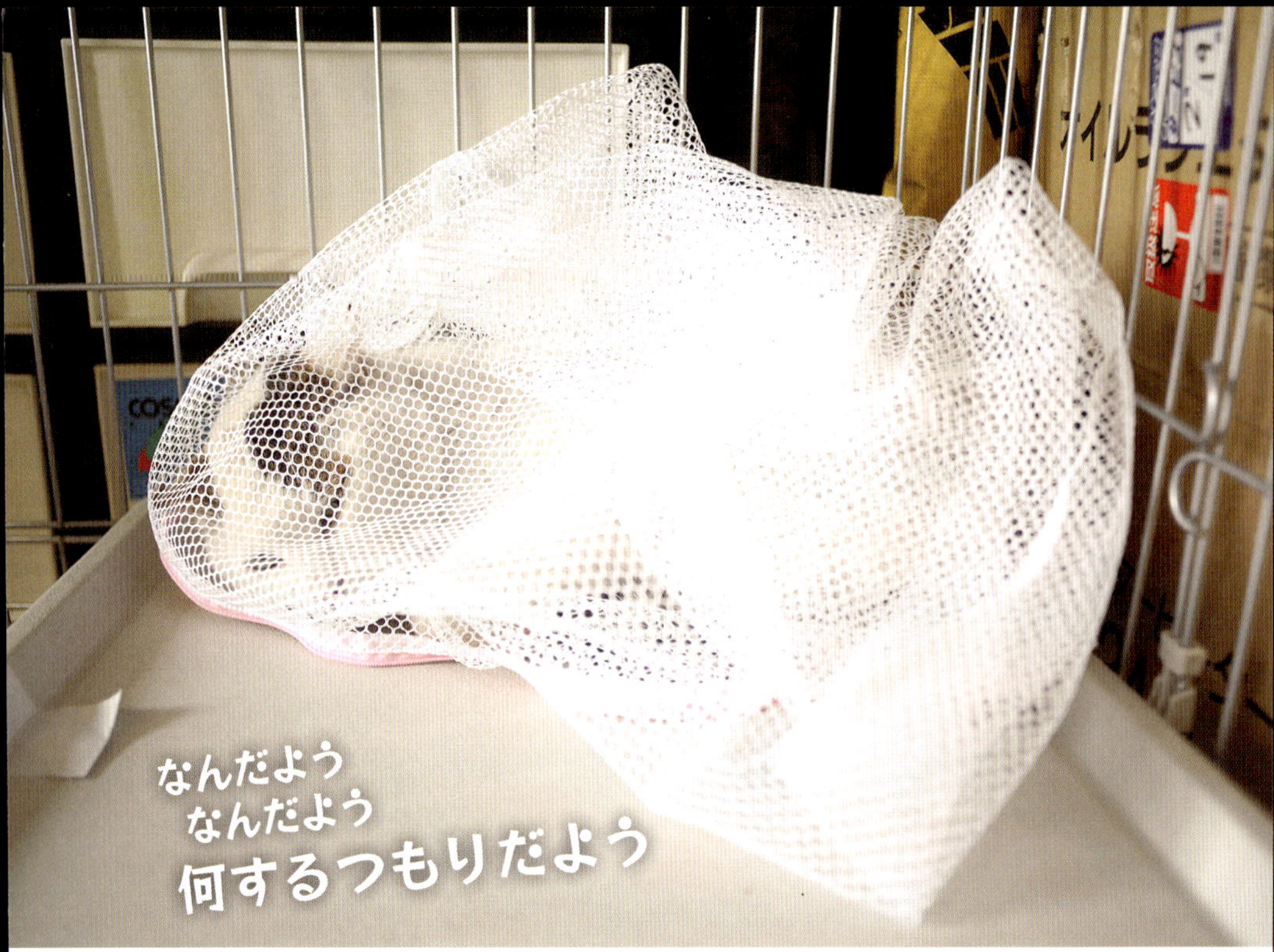

自由の身に

いよいよ、ぽーを解放する時がきた。

どこで放すか迷いましたが、やはり捕獲した公園が安心できていいということになりました。

ネットをかけて……君はおとなしいね。いい子、いい子。そのままおとなしく公園に到着。実はその後、ネットごと走って逃げそうになったのですけどね(笑)。

慌てました……。

もう一度公園のベンチに戻し、ファスナーを開けて準備完了！

さあ行け、ぽー！　お前は自由だ!!

？　固まってるなあ。「もう少しネットを外してやるか」と近寄った瞬間。

ほら、いいよ。もう逃げられるんだよ

ダダダー！

林の中にダッシュで消えていった。写真を撮ろうと思ってたのにだめだった。たっしゃでなー。ご飯は食べにおいでねー。

“まっぴらごめんだニャ”

ぽーはこの捨て台詞を残して去っていった(本当か)。

ぽー～。

再会

逃げて行ったぽー、かわいかったなあ。
またいつか会えるだろうな……と思っていたら、解放したその日の夕方、私の部屋の窓の下を歩いていた(笑)。
カメラを持って外に飛び出し、ゆっくり歩いているぽーの背中に声をかける。

「おーい　ぽー!」

その後何度も現れては、逃げるぽー。

ぽー、腹減ったのか？　ここはいつもご飯をくれる優しいおばあちゃんの家だね。あまりにも腹が減っているのか、私がいても逃げようとしない。

そうかそうか、腹減ったか……。

あっ!!

カミさんが夜なべして縫ってくれた文字入りの首輪がない！　どこで落としてきたんだよ～まったく……。

呼べば振り返るように

そうこうしているうちに、ぽーはご飯をもらえた。いっぱい食べるんだよ。

そしてこちらを睨みつけ、去って行った。この頃から、呼べば振り返るようになっていた。名前の認識もないのに(笑)。

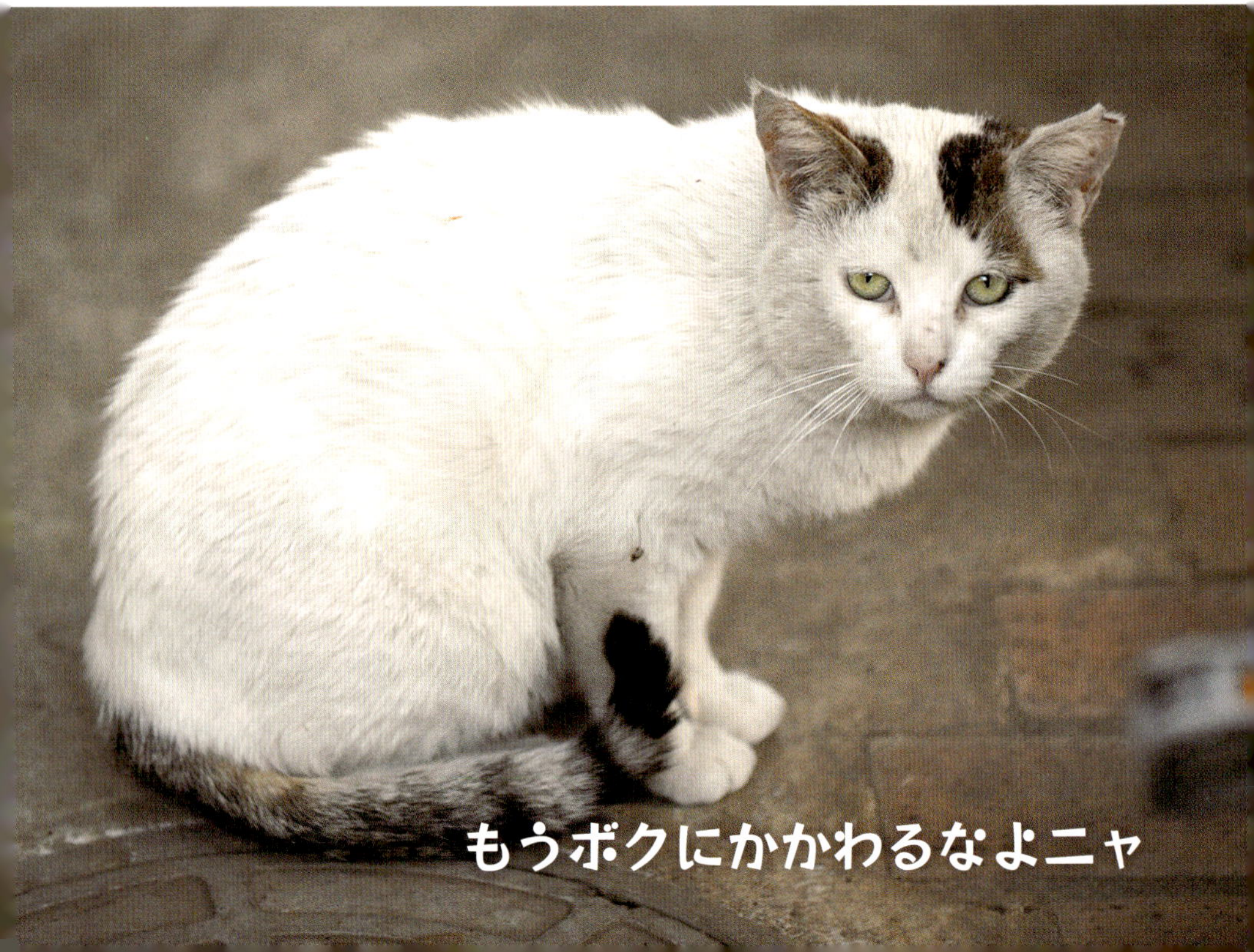

おーい！

ぽー!!

いえ、
呼んでみた
だけです……

す、すみません……

優しいおばあちゃん家で、
ご飯をじっと待つぽー

似てるけど何か違う！

ご飯をくれる優しいおばあちゃんちに、
今晩もぽーとミヨコさまが来ていた……。
ん？　何か違う！　ぽーはミヨコさまが
怖くて、一緒にいることはなかったはず。
ミヨコさまは町内の長老猫だ。

※ミヨコさま（右）は避妊手術済み

次の標的は決まった

ち、違う!!

よく似ているけれど、ぽーに似てるけど、ぽーよりかわいいぞ!!

名前は「チー」としておこう。写真で比較してみた。似ているけど、チーは鼻が黒く、ぽーのほうがやさぐれているなぁ……。

でも、きっと身内なんだろうな。

チーの出現によって、次の目標は決まった。許可をいただいて、捕獲器をセットする。チーが餌をもらっている、優しいおばあちゃんの家だ。捕獲器をセットしてから1時間後に見に行くと、チーではなくぽーが来ていた。

ぽー、お前じゃない!!

これはいけない。このままではぽーが入ってしまう。もうお前には用のない箱なんだ。しかし、ぽーは一度ひどい目に遭っているわけだから、まさか2度も入るまい。

いやでも、ぽーだからなぁ（何が）……。

ぽー、お前は入るなよ～

さっさとご飯を食べて、この場から立ち去ってもらうのだ。ぽーは煮干し入りの高級カリカリをペロッと完食。満足そうに去っていった。

さて、これでやっとチーの捕獲作戦が再開できる。すっかり日も暮れた小一時間後、チェックに訪れると蓋が閉まっている！

やった、入った！

中を覗いてみると、暗くてよくわからないが、おそらくチーだろう。近所の優しい奥さんちに持って行って、懐中電灯で照らしてもらうと……。

ぽー、
やっぱりお前か!!
す、すみませんが
出してください…

仕切りなおし

中に入っていたのは、またしてもぽーだった。もう君は自由なんだからね。わざわざ檻に入らなくても、怖い私に近づかなくってもいいんだよ。

ぽーに邪魔をされ、少しやる気がなくなってきていた私に心強い味方が現れた。うちのカミさんが用事を済ませてさっそうと帰って来たのである。

しかし、うちのカミさんはチーが捕獲器に近づいている時に車で横を通るというミスを犯し、チーは逃げた。

私は再びやる気をなくした。

ごめんなさい
以後気をつけます……

3 1
4 2
さよニャラ~
とうっ
素晴らしい
跳躍力！
すっ

事前にご飯をたっぷりあげていたのに、また捕まってしまうという失態……（笑）

今度こそチーを捕まえるぞ

ぽーが捕まって、警戒するかと思いきや、それでもまた来た。間違いなくチーだ。「はいるくん」を気にしている。

おかあちゃん、近いってば!!

そんなに近づいたら、入るわけがな……。

ご飯をもらいにきたが、
私を警戒してバイクの陰
から様子をうかがうぽー

夜廻り猫
296
泣く子はいねが〜
むっ
涙の匂い…！
もし そこな大きいおまいさん 泣いておるな 心で
どうなされた？
・・・
写真家の太田康介といいます 野良猫のお世話もしてるんです
いい奴に出逢って…
けして争わないで ごはんも自分からゆずってばかりの「ぽー」
にゃー
ぽーは私を信用してくれた…それなのに
私は今日ぽーに去勢手術を受けさせた
痛かっただろう…怖かっただろう…
現実問題去勢はするしかない だけどしょせん人間の都合だ……
ポン
去勢されたってぽーはぽーだよ
一生 わたしたちが守るんでしょ？
あなたが去勢されたってあなたただよ
何はなくとも
わたしたち一生一緒にいるんでしょ？
あなたたちお腹すいてるでしょ
ごはん食べていったら？
えっ！
・・・

Scene 2

町内最弱の猫、ぽー

君が闘って追い払った猫は、1匹もいなかった。
ほかの猫と比べても毛並みは汚かったねぇ。
落ち着いて毛づくろいができなかったのかな？
何と言っても、町内最弱の猫だもんね。

怪我もたくさんしていて、いちばんひどい傷は背中に大きくできていた。
ずいぶんと痛かっただろうね。そんなことがたびたびあったので、
君が行方不明になると、とっても心配していたんだよ。
何度も家の外に出ては、ウロウロと探したものだったな。

台風の日も、雪の日も、君のことを心配していたんだよ。
ぽーは今、どこにいるんだろう？　って。

ぽーは、うちを食堂と認定したようです（笑）

律儀なぽー

ぽーの顔には、傷がありました。ほかの猫とケンカしているのでしょうか。無理して闘わなくてもいいのに……。人間の論理で言っても解るはずもありません。ぽーも相手も軽症で済むことを祈るのみです。

私のことは怖いようですが、カミさんは結構近づいても大丈夫なようです。ノミ・ダニ取りの薬がつけられるようになればいいですね。あと、首輪をつけたいなあ。

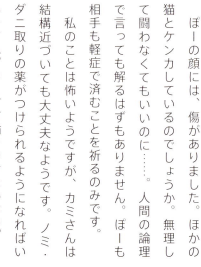

ぽー！

「はい？」

カミさんを見つめる表情がかわいいです

ぽーはお腹がふくれると、またどこかへ去って行きます。

名前を呼べば必ず振り向いてくれる、律儀なぽー。たくさんの猫は救ってあげられないけれど、うちの家族は君を全力で守るよ。この町内で、一緒に生きていこうな。

またおいで……

全天候型食堂

うちを食堂に認定してくれて、毎日1〜2回現れるようになった、ぽー。そんなぽーに少しでも快適にお食事していただくために、全天候型の食堂を作ってみた。

しょぼいつくりだけど、私の腕ではこれが精一杯だ。でもこんなものでも、ぽーは優しい気持ちで使用してくれた。ああ、ありがとう、ぽー。君はいいヤツだな。

それから数日がたち、最初は使用してくれていた全天候型食堂もいつの間にか忘れ去られ、うちの玄関で黙々と食べているぽーがいました。

ぽーがご飯をもらいに来てカミさんがドアを開けると、

腰は引けてますが、怒ってます

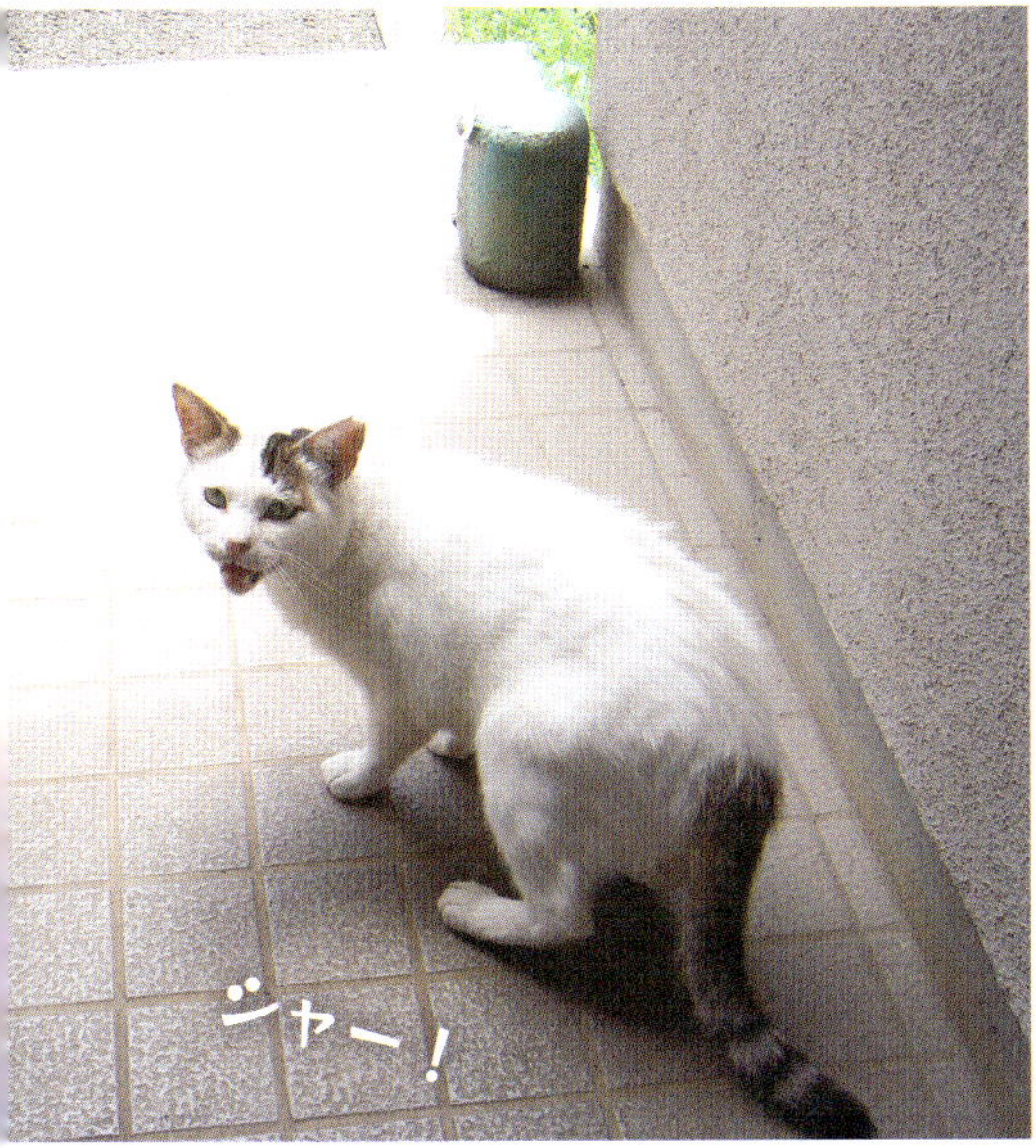

「シャー！」

ぽーは、私に対してはビクビクしていますが、カミさんには強気に出てきます。「お、お前なんか怖くないんだぞ」「さっさとご飯をよこせ！」という気持ちなのでしょうか。

今日はとってもいい日

ある日、うちの斜め前の部屋に引っ越してきた人がいました。ごていねいに挨拶に来られ、二言三言お話していた時に、ちょうどぽーがやってきた。

グッドタイミング！　素晴らしいよ、ぽー！

新しいご近所さんに、ここぞとばかりにぽーの説明をして「どうか生温かく見守ってやってください」とお願いしたら、「うちも猫飼っています」と。猫の話が出て、すぐに打ち解けられたのが嬉しかった。

別に、TNRのお手伝いをしてほしいわけじゃなく、猫に優しい地域になってほしいだけ。地域猫に理解ある人がいるだけで、ほっとしてハッピーな気持ちになるのです。

今日はとてもいい日でした。良かったな。ぽー。

その後もぽーはうちの庭に現れ、とうとう縁側でご飯を食べるようになりました。

私のうちで飼っている「とら」と「まる」も、ぽーに興味津々です。

まる
とら

長老のミヨコさま

ぽーとともに、うちにご飯をもらいに来ているのが、長老のミヨコさま。御歳は10歳以上で、ひょっとすると私より長くこの町にお住まいになっているかも。

彼女は、町内すべての猫が一目を置く存在なのです。もちろん私も。以前はチーと一緒に行動していましたが、現在は単独行動をしています。

ミヨコさまのお食事中は、ぽーはご飯を食べられません。陰からひっそりと、お食事を終えられるのを待っています。

上の写真を見てください。ぽーの居場所

ぽーが近づきすぎると、
ミヨコさまは怒ります

次はボクが……

ああっ、
まだ召し上がるのですね
……ミヨコさま

わかりますか？（笑）
物陰からミヨコさまのお食事をじっと見守っています。ああ、ぽー。君を見ていると悲しくなるよ。
ミヨコさまがいったんお食事を終えられましたので、ぽーが「次はボクの番」とばかりに少しずつ前に出てきました。が……。

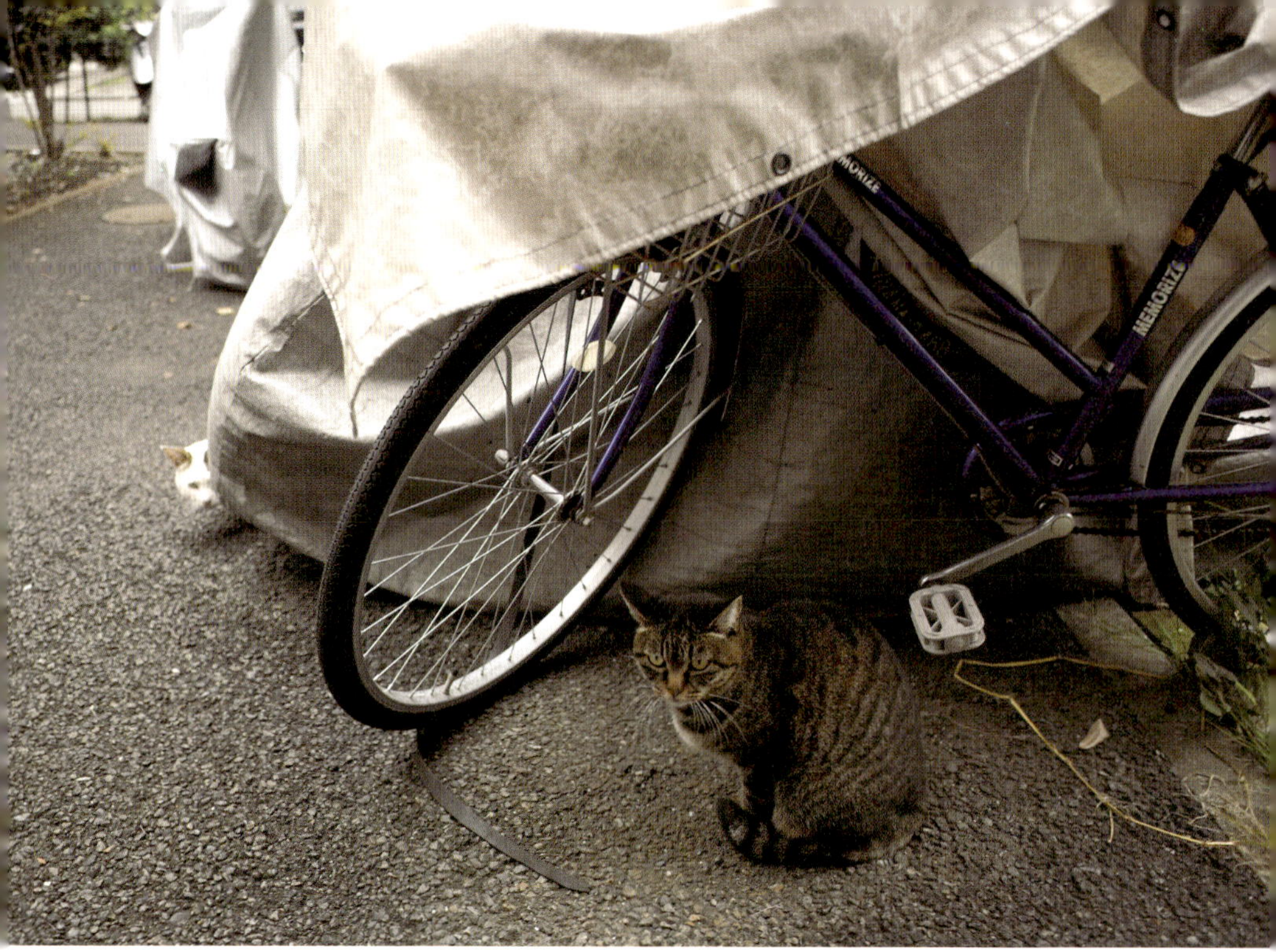

ミヨコさまがお食事を終えられても動かないものですから、ぽーはなかなかご飯にありつけません。

この日は雨が降っていて、ぽーは雨に濡れながらミヨコさまが去るのをじっと待っていたのでした（ミヨコさまは自転車カバーの下にいますので濡れていません）。

もう、こうするしかないですね。
器も2ついるし、面倒なんですけどね

うん、やっぱりぼーはかわいいな。おいしいかい？　いっぱい食べておくんだよ

近所の飼い猫ゴクウは、屈託なく誰にでもフレンドリー

はなちゃん

大雨の日、ぽーが来たと思ってドアを開けてみると……あれっ、見たことない子！

けっこう近寄っても逃げない。お腹が減ってるのか？　わかったよ。よしよし、食べて行けばいいよ。鼻に模様があるので「はなちゃん」と名づけよう。

食べ終わると、背後を気にしだした。どうかしたのかい？

はなちゃんが怖くて近づけないぽー

ぽー！

またしても雨に濡れながらこちらを見ている、ぽー……。お前は怖がりだなぁ。でも、それでいいんだよ。争わなければ怪我もしないし、病気もうつらない。ちゃんとお前の分はあるからね。

この写真はもう治りかけ

ぽーの怪我

ある日、ぽーが左後ろ足に怪我をしていることに気づきました。毛がはげて地肌が見えています。足をひきずってはいないので大丈夫だと思いますが、何があったのでしょうか。

厳しい冬を迎えるぽーのために猫ハウスを用意したのですが、入ってくれません。落ち着かないのでしょうか。押し入れ収納ケースを改造して中に発泡スチロールを組み込んだ、完璧なコンドミニアム(ぽーハウス)なのに……。

でも、お正月の新巻鮭が入っていた発泡スチロールの中には入ってくれました。少し進歩です(笑)。

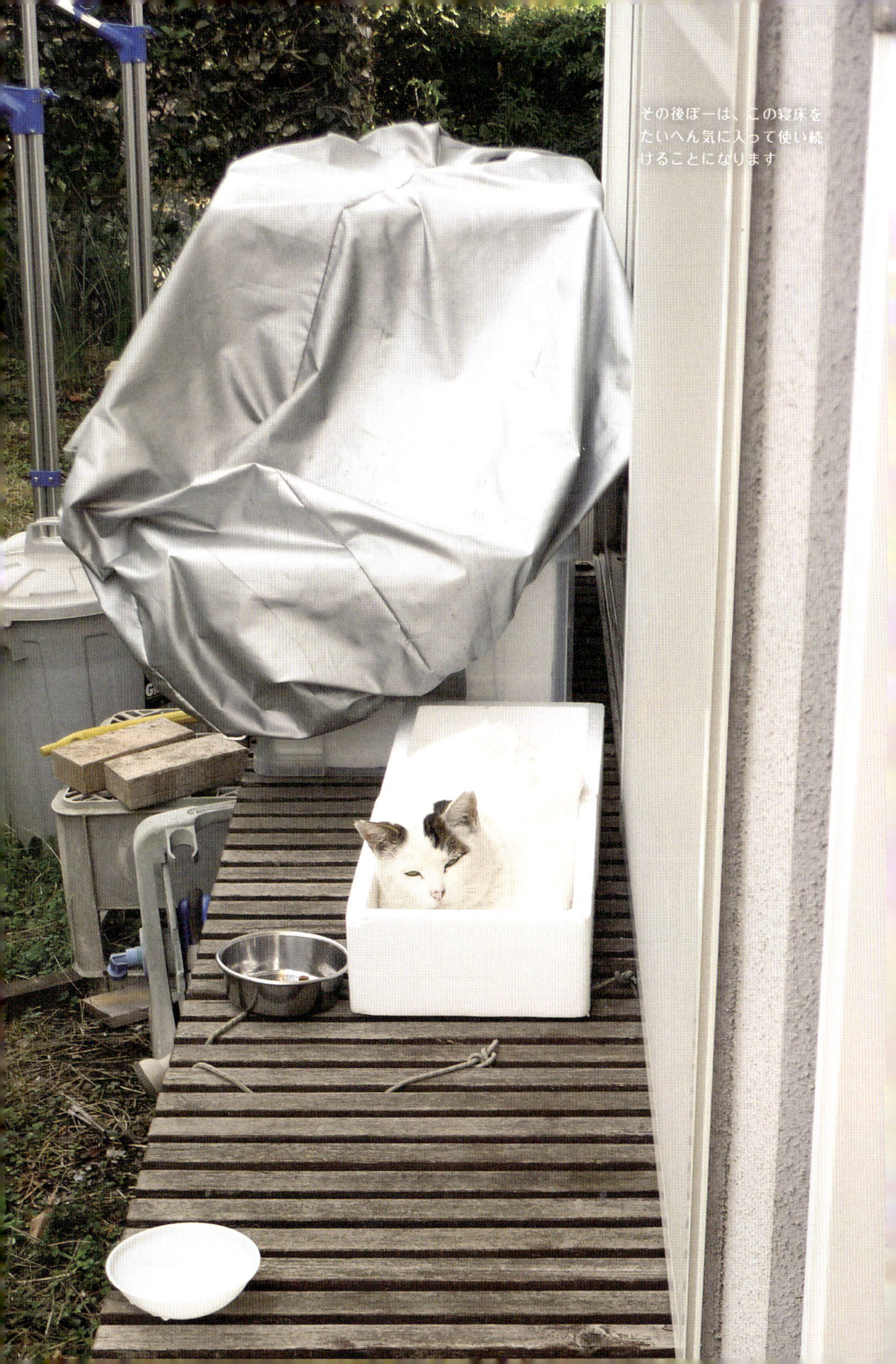

その後ぽーは、この寝床を
たいへん気に入って使い続
けることになります

猫ハウスを作ったのに(自転車カバーの中)、怖がって入ってくれない

SANYO

シマジロウ

我が家には、毎日「ぽー」「ミヨコさま」「チー」「はなちゃん」という4匹の猫が入れ替わり立ち替わり訪ねてくれるようになりました。ご飯をあげるのは大変ですが、それぞれの個性を楽しませてもらっています。で、今日もやってきましたミヨコさま

……。あれっ、違う。また見たことのない子が。君だれ？

「わたくしだが……」

知らんわ！

「ご飯をもらおうかな」

何なんだこの迫力は……うぅ、わかりま

した。あの……どうぞごゆっくりお召し上がりください。

どこの子なんだろう。以前どこかで見たような気もするけど、首輪をしていないから野良なんだろうな。

シマジロウと名づけよう。後にこのシマジロウにもTNRを行うと、しばらくの間姿を見せなくなりました。

怒りのぽー

「フギャ――――オ――――！」
「フナ――――オ――――！」

猫の声がけたたましく響いて「何ごとか⁉」と思って窓を見たら、ぽーが怒っています。相手は、はなちゃん。

はなちゃんは、そんなには気にしていない感じ。ぽーを気にせず、ぴょん。

「ワーオー……」ぽーの声が、どんどん小さくなっていき、最後は沈黙。だめだこりゃ。ぽー、完全に負けている。

「ぼー」と呼ぶと、律儀に振り返る。この頃から自分が“ぼー”だとわかっているようでした

「よっこらしょ。さてご飯でも食べるかな」

うちの飼い猫、シロが覗いているのが
気になるぽー。でも、ご飯は食べたい……

愛しいヘタレ猫

最近、太ってきたぽー。ご飯の与えすぎは承知していますが、まだもう少し寒い日が続くみたいなので空腹だと可哀想な気がして、量を減らすことができないでいます。それよりも気になるのは、ぽーのヘタレっぷり。

ぽーが食べようとすると、シロが威嚇

ビビる、ぽー（笑）

網戸の向こうのシロが怖くて食べられない。ぽーのヘタレっぷりが愛しいです。

ついさっきも猫の争う声が聞こえていたのだけど、ちょっと遠くだったので詳細がわからずにいたら、ぽーが走って逃げてきました。また負けたのか……。

網戸の向こうのシロが怖くて食べられない

その後、「しっぽまる」と名づけた野良猫のTNRを行いました。彼はすぐに戻ってきました。ご飯をもらえる場所がほとんどないのでしょう。ご飯の食べ方も必死です。うちに来るのは構わないのですが、ぽーをたびたびいじめているようで、ぽーの来る回数が減ってしまいました。ぽーはこのあたりで最弱の猫なのです。

ヤツが帰ってきた

しっぽまるにいじめられて足が遠のいていたぽーが、久々に姿を見せました。

「シャー」（弱々しい）

なんじゃ、それは（笑）。

とりあえず〝お約束〟の弱々しい「シャー」をしているぽーを見ると、腰の辺りの毛が抜けて地肌が見えています。

ケンカに負けているんでしょうね。毛がむしられただけで、怪我はしていなさそうだけど……しかも、このタイミングでもっと大変なことが。

ヤツが、とうとう帰ってきたのだ……。

シャ〜（弱々しい）

腰の辺りの毛が抜けて地肌が……

「ご飯が入っていないようだが？」

「わたくしだ。ご飯を食べに来た」

シマジロウ、悪いけど君にはご飯をやることはできないんだ。うちから少し離れたところをテリトリーにしているのを見たよ。そこでもご飯をもらっているだろう。君はケンカが強いし、近所の優しいおばあちゃんちでミヨコさまを追い出したのも知っている。

そして、何よりも君はぽーをいじめるようになったからね。君が来ると、ぽーたちがご飯を食べに来られなくなる。だからご飯はよそでもらってくれないか。

ごめんよシマジロウ……。

「ご飯……」

争いごとが嫌いなだけ

自分をいじめていたシマジロウが去って、再びよく顔を見せるようになったぽー。君は弱いんじゃない。争いごとが嫌いなだけなんだよね。

君はお年寄りや女性に優しいね。ミヨコさまが食べ終わるまで、けっして邪魔はしない。

でもこの日は待ちきれなくなったのか、私が縁台に用意してあげた別のご飯皿のほうに移動した。

「えっと……こっちで食べるのだったら、ミヨコさまの邪魔にならないかな？」

いつもだったら待っているぽーだけど、今日はとてもおなかが減っているんだね。

「こっちならミヨコさまの邪魔にならないかな？」

一難去ってまた一難

今朝、猫の大きな悲鳴で目が覚めました。カミさんはすでに起きていて、一部始終を目撃していたそうです。ご飯を食べに来たぽーに、しっぽまるが襲いかかったということです。ぽーはご飯どころではなく、逃げてしまいました。

外に飛び出たら、しっぽまるを発見

ぽーがテリトリーを変更して、どこかへ去るなんてことだけは避けたいなあ……。せっかく、また来てくれるようになったのになあ。

それから3日間ほど姿を見せなかったぽー。心配していましたが、なんとかまた現れてくれました。よく来てくれたね。

そして植え込みの陰に、ぽーを発見

食欲もあるし、今日は暑いから喉も渇くね。どこも悪いところはなさそうだし、怪我もしていないね。ぽーが食べてる間は、私はずっと見張りをしています。それでも、お礼もなしに去っていく、ぽー（笑）。

やれやれ…またやられたのか

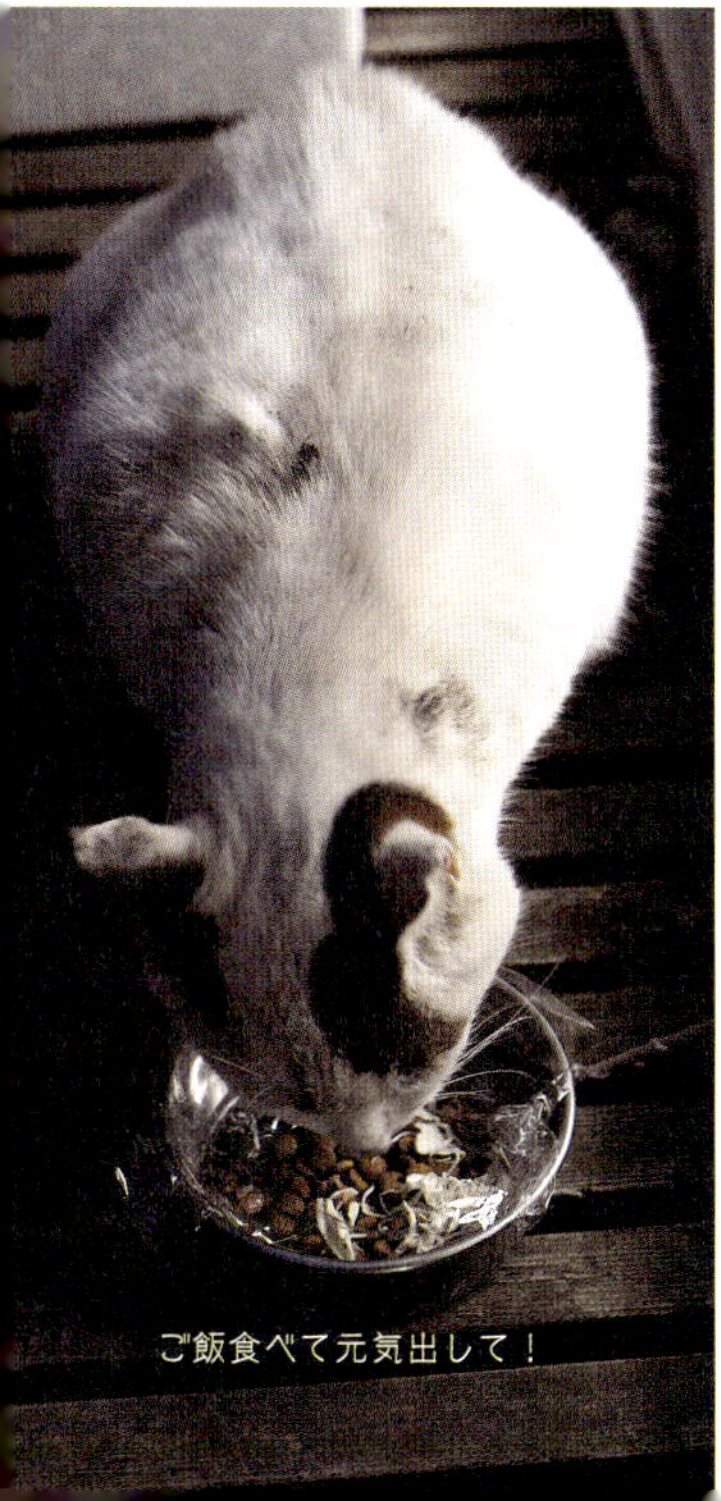
ご飯食べて元気出して！

大晦日の受難

大晦日の朝6時、ぽーの悲鳴が聞こえた。飛び起きて外に出てみたが、誰もいない。15分くらいして、窓にぽーの姿が見えたのでカメラを持って出た。外はまだ暗く、部屋の明かりに照らし出されたぽーがいた。顔がえらい汚れようだ。体も汚れて毛羽立っている。こりゃ毛をむしられたな……。やれやれ……またしっぽまるにやられたのか。まあご飯でも食べて元気出して。

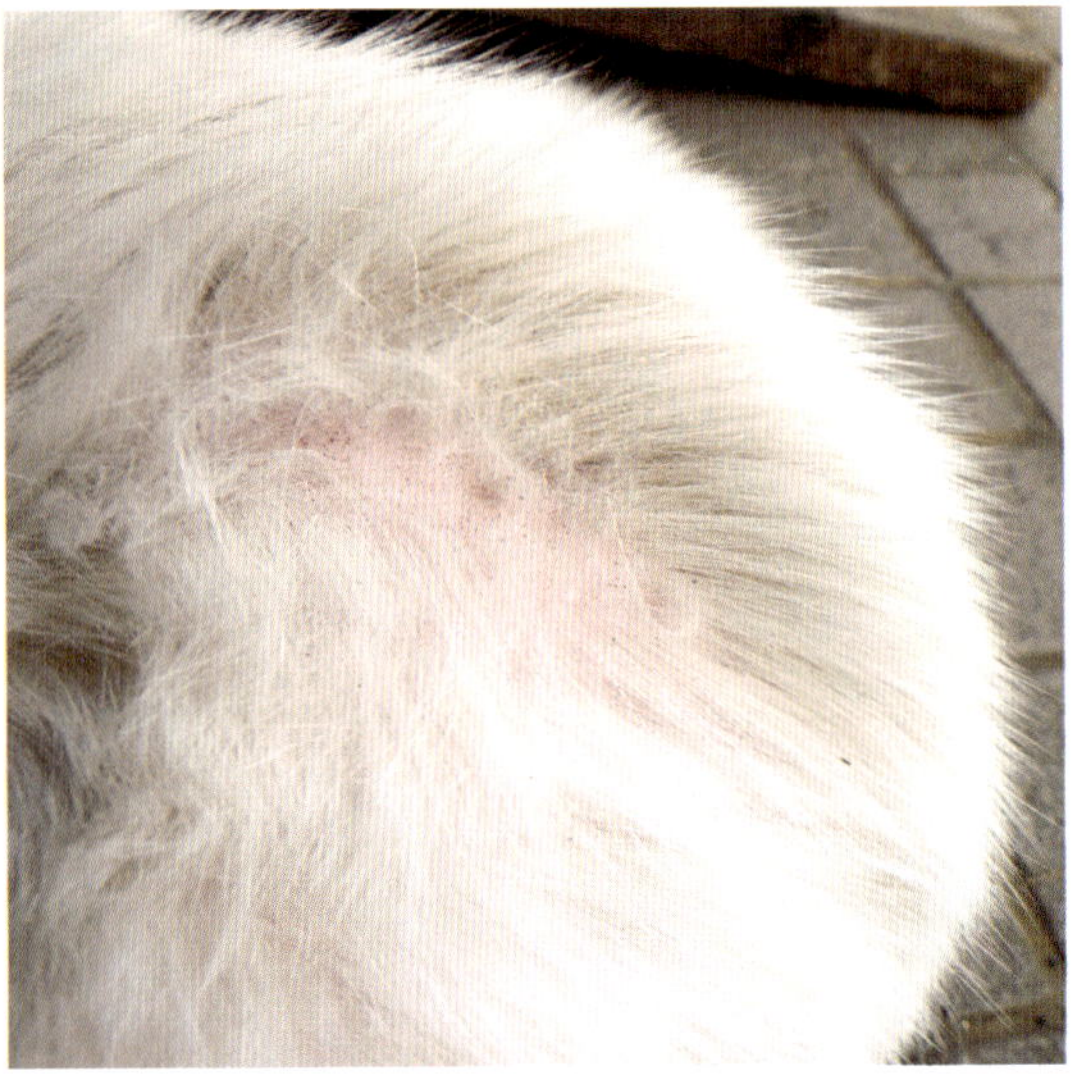 

悲鳴を聞いて現場にかけつけると、そこに落ちていたのは、ぽーの毛だった

現場に落ちていたのは

それからしばらく経ったある日。

「フギャ———!!」

明け方午前4時ごろに、再びぽーの悲鳴が聞こえた。外に飛び出してみたけれども、時すでに遅し。

現場に落ちていたのはぽーの毛だった。またしっぽまるにやられたのか……。

いつもやられるのは、一方的にぽーばかり。これじゃケンカになっていないぞ。背中からお尻にかけての毛がむしられている。しっぽまるは、逃げるぽーを追いかけて毛をむしっているようだ。

見る限り、皮膚に怪我はなさそう。皮膚までは傷つけていないということは、しっぽまるは遊びのつもりなのかもね……。

でも、ぽーの悲鳴は尋常じゃないからなあ……困ったねぇ。

この場所が定位置に。ここが安心できるのかな？

シヤワセ

うちでご飯を食べているうちに、ぽーは少しずつ体を触っても嫌がらなくなってきました。

でも、お腹をモフりたくても、なかなか仰向けになってくれないんですよね。まだまだ警戒はしています……と思ってたら、なぜか少し横になってお腹を触らせてくれました。シヤワセ。

それからしばらくして、お腹の撮影に成功しました。ぽーの「ひらき」です。

まるまるしてて、幸せそうだねえ。でも、お前にはお前なりに大変なこともあるよね。みんな一生懸命に生きてるんだよな。猫の世界も大変だものね。

うちの前で気持ち良さそうに寝ているぽー。どんどん安心してくれるようになってきました。

そして……。とてもおだやかな表情も見せてくれるようになりました。

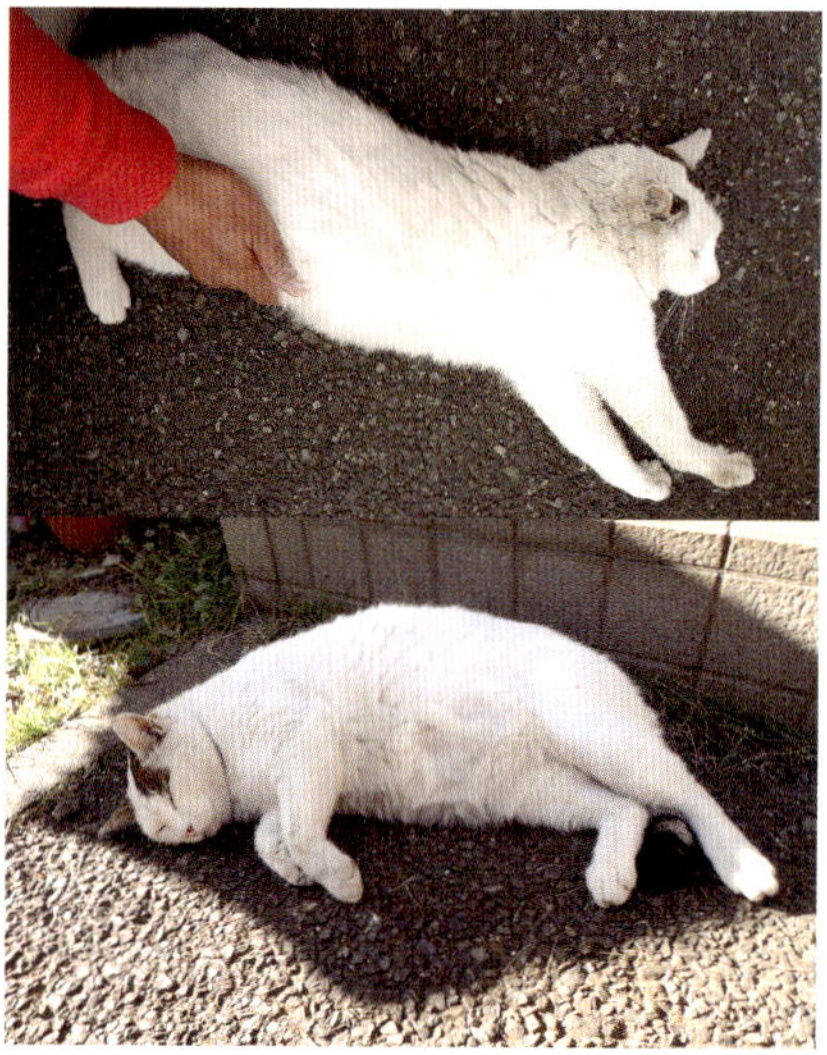

気持ち良さそうに寝ているぽー

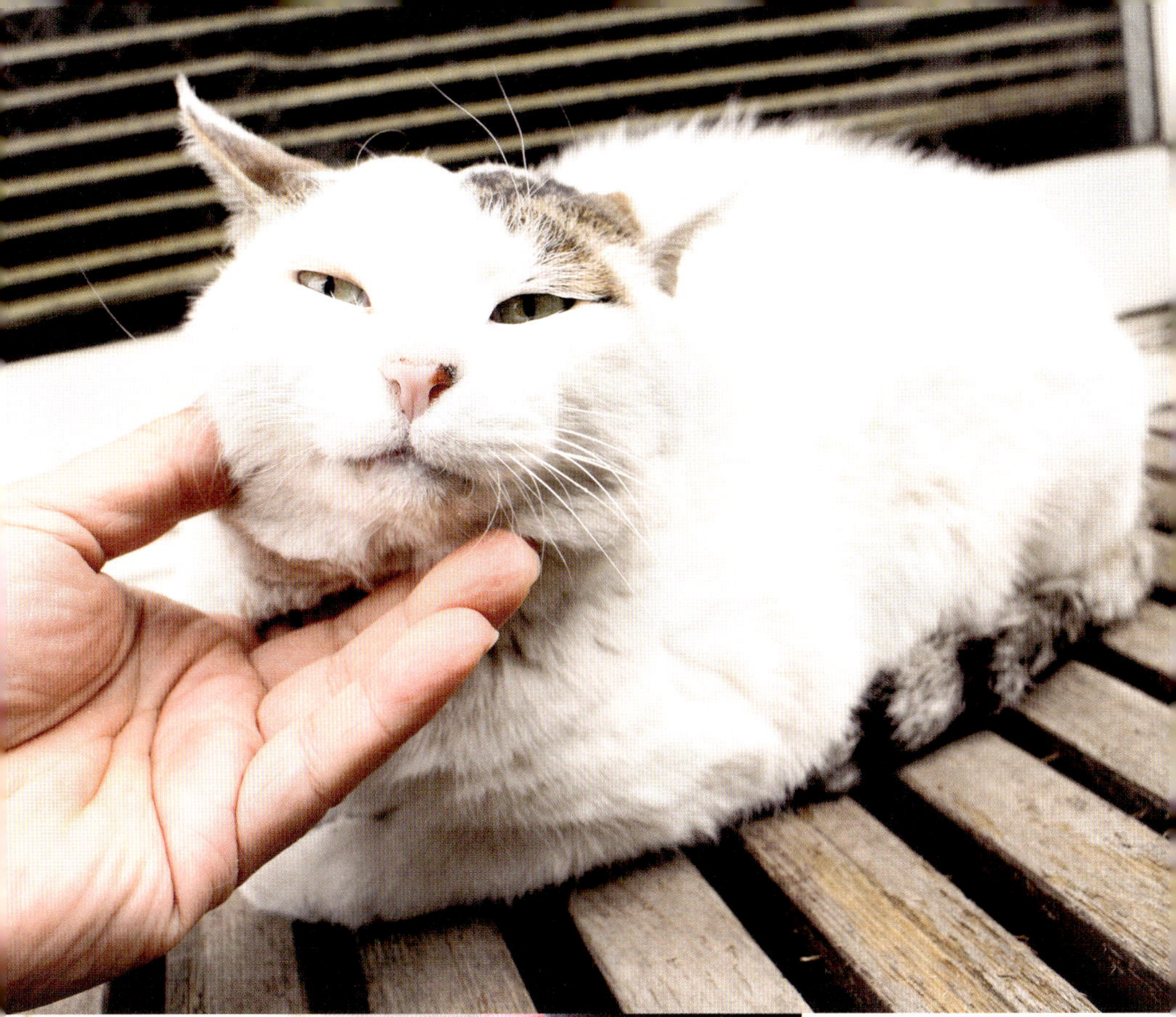

ずっと一緒にいような。ぽー。
もしよかったら、うちの子になるかい？

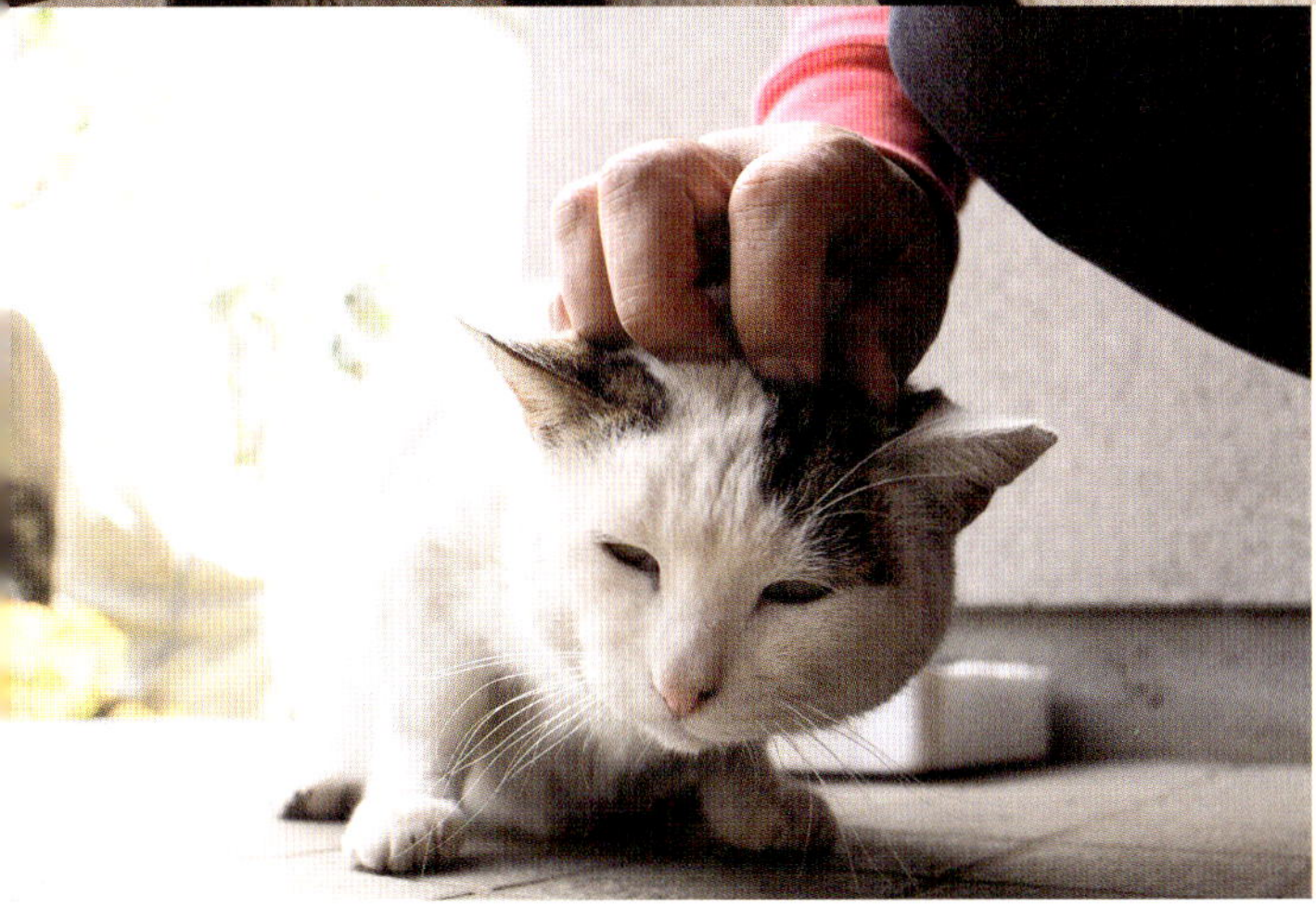

最初の頃とは表情が違います

にゃはー

Scene 3

家猫になった、ぽー

ねぇ、ぽー。
本当の自由ってなんだろうね？
どんな状態なら幸せなのかな？

安心安全と引き換えにして　君の自由を奪ってしまったことは、
気ままが好きな猫にとって幸せと言えたんだろうか？

君にとっての幸せを、私たちは勝手に決めてしまったかな。

胸に「しこり」が⁉

ある日、いつものようにぽーのお腹を撫でていると、胸の辺りに「しこり」があるのを発見。とっても気になるので病院へ連れて行くことにしました。

ぽーを捕まえるのは、3年前の去勢手術以来。ここ2年くらいはうちの近くで過ごし、そして1年前くらいから庭に設置した「ぽーハウス」に住むようになり、ご飯もほとんどうちで食べていました。

最近なんとなく元気がないような感じでした。気のせいならいいのですが……。怖いのは乳腺炎。オスでも時々なるそうです。

久々だから、いろいろ検査してもらおう。嫌だろうけど、頑張ってくれよ……。病気も心配だし、このまま外でいじめられ続けたら、いつかいなくなってしまうかもしれない。

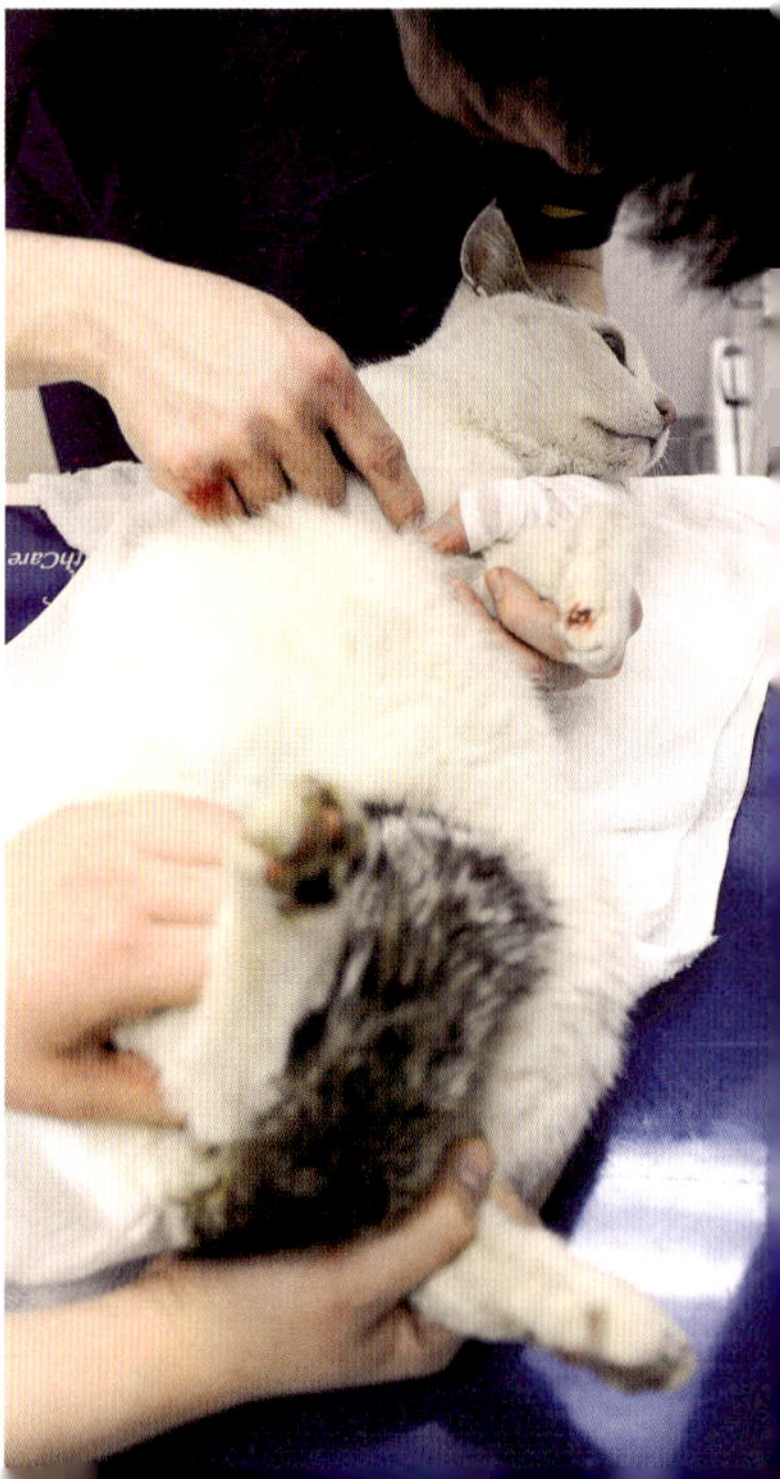

ぽーが慣れてきてくれていることもあり、検査した後はうちの中で飼うことにしました。

嫌がるぽーをなだめすかして検査してもらう。……あれっ、胸にあったしこりがいくら探してもない。いや、確かにあったはずなんですけど……。しかし先生は「やっぱりないですよね」と言う。

いやー、良かった良かった。

せっかくなんで、お腹の虫、血液、オシッコの検査をして、ついでにマイクロチップも入れたぞ。もうこれで「太田ぽー」だ。検査結果は、肝臓の数値が高いけれど一時的なものかもしれないとのこと（興奮すると上る）。その他は良好、健康体だ。今回はフライングしちゃったけど何ごともなくてよかった。これでまたお前とつき合っていけるね。

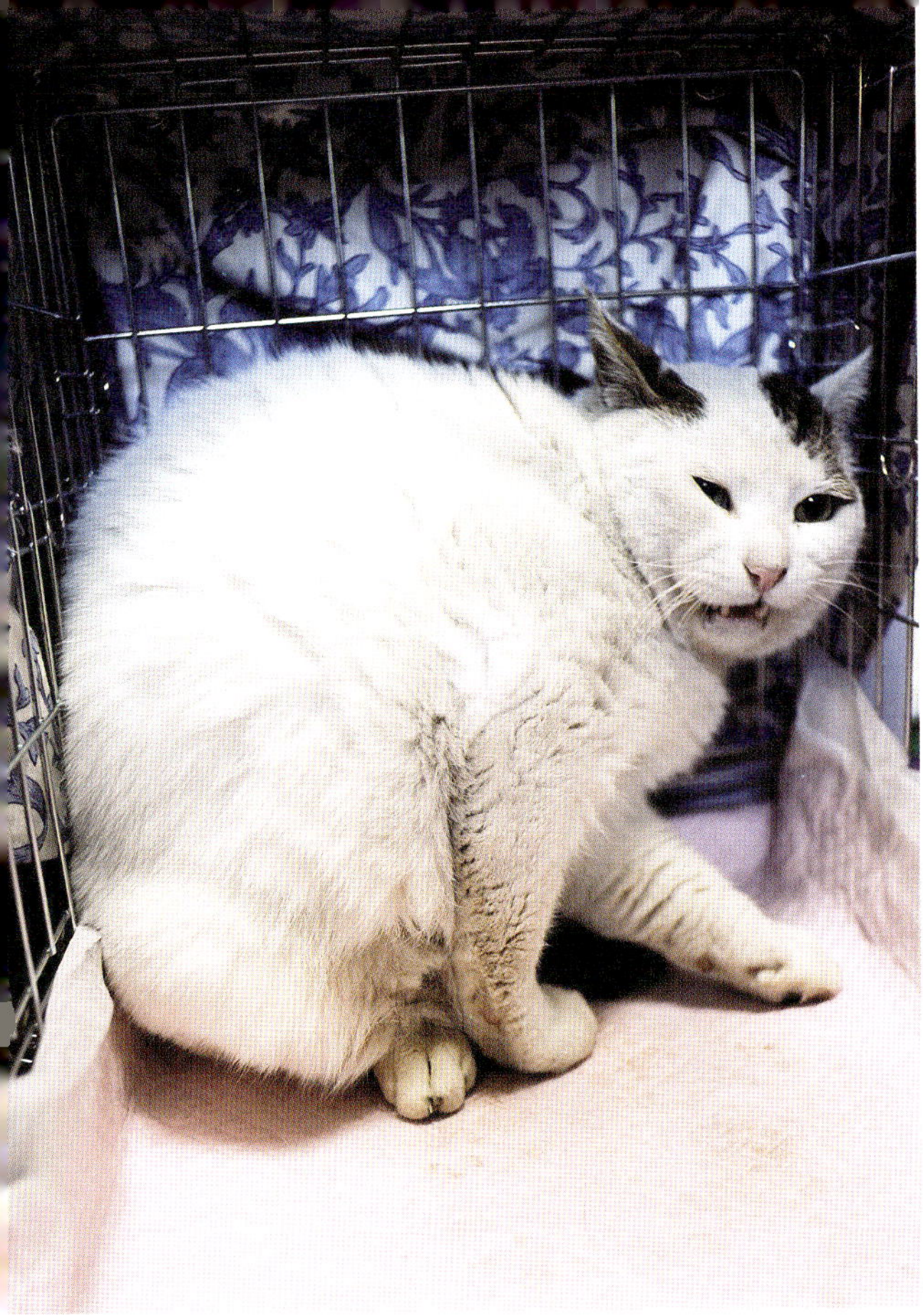

病院に連れて来られたぽー。怖がっています。でもガマンしておくれ

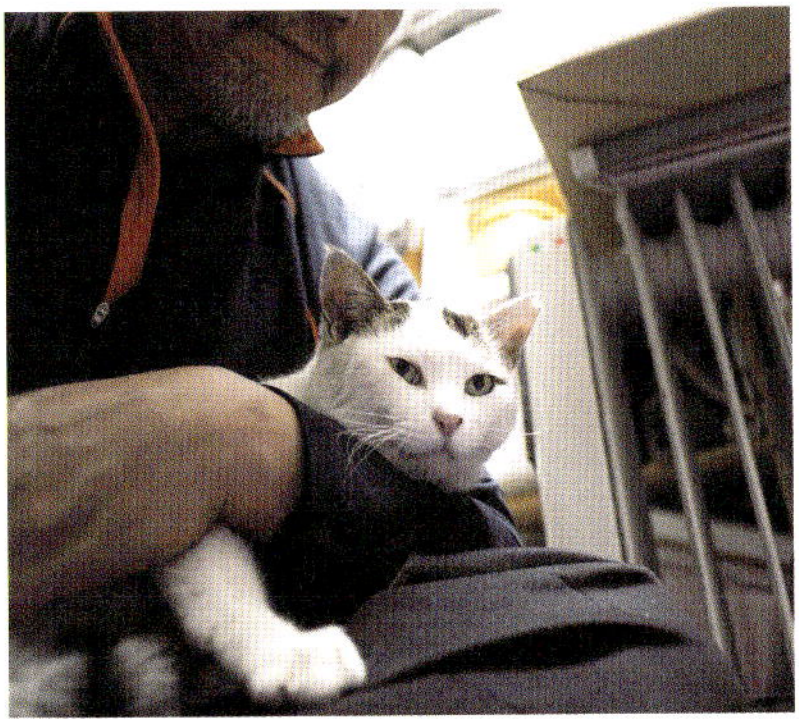

そして、初ヒザの上です。しばらくおとなしくしてくれていました。これからどんどん仲良くなっていきますよ～

太田ぽー

ぽーがうちの子になって、1か月がたちました。まだ、私のことは少し怖いようです。カミさんにはなついていますが……。
あーんなに仲良しだったのに、家を3日ほど空けると知らない人に逆戻りしてしまいます。ここ2日、カミさんと一緒に寝ているそうです。

きぃぃぃ――――！
ぐやじいいぃぃぃ――――！

絶対、一緒に寝てやるっ！
さらに、家猫になって2か月が経つと、まだ外に出たくってニャーニャー鳴いてはいますが、リラックスして寝るようになってきました。

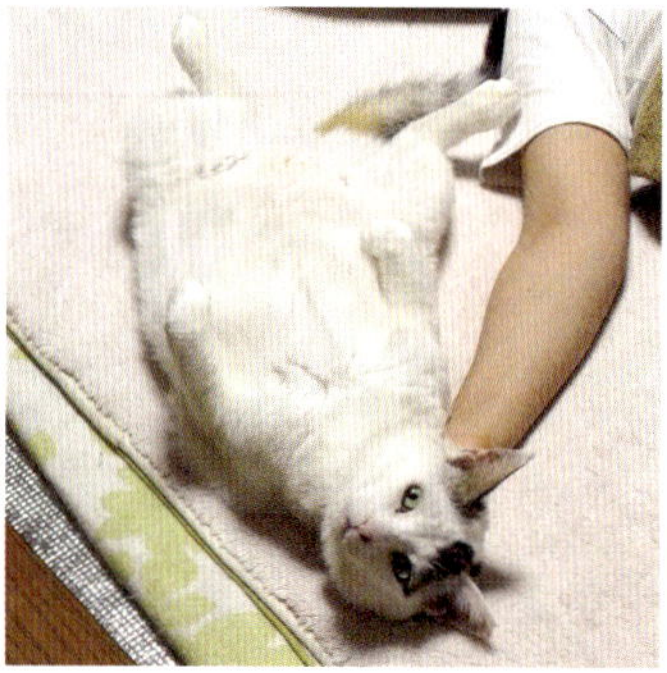

リラックスして
寝るようになりました

太田家最弱の猫

ぽーは、町内最弱の地域猫でした。あまりにもいじめられるので保護したのですが、うちの中でも最弱になりつつあります……。とほほ。

とらが背後にいるのでくつろげないぽー

とらに追いつめられ、逃げ場がなくなった

とらとまるとシロという、メスばかりの集まりの中で唯一のオス猫だったということもあったのかもしれませんが、3匹の先住猫にとってぽーは〝異質なもの〟と捉えられてしまったようです。

とにかくぽーの気が弱くて、たとえば匂いを嗅がれただけでも過剰反応して逃げ出

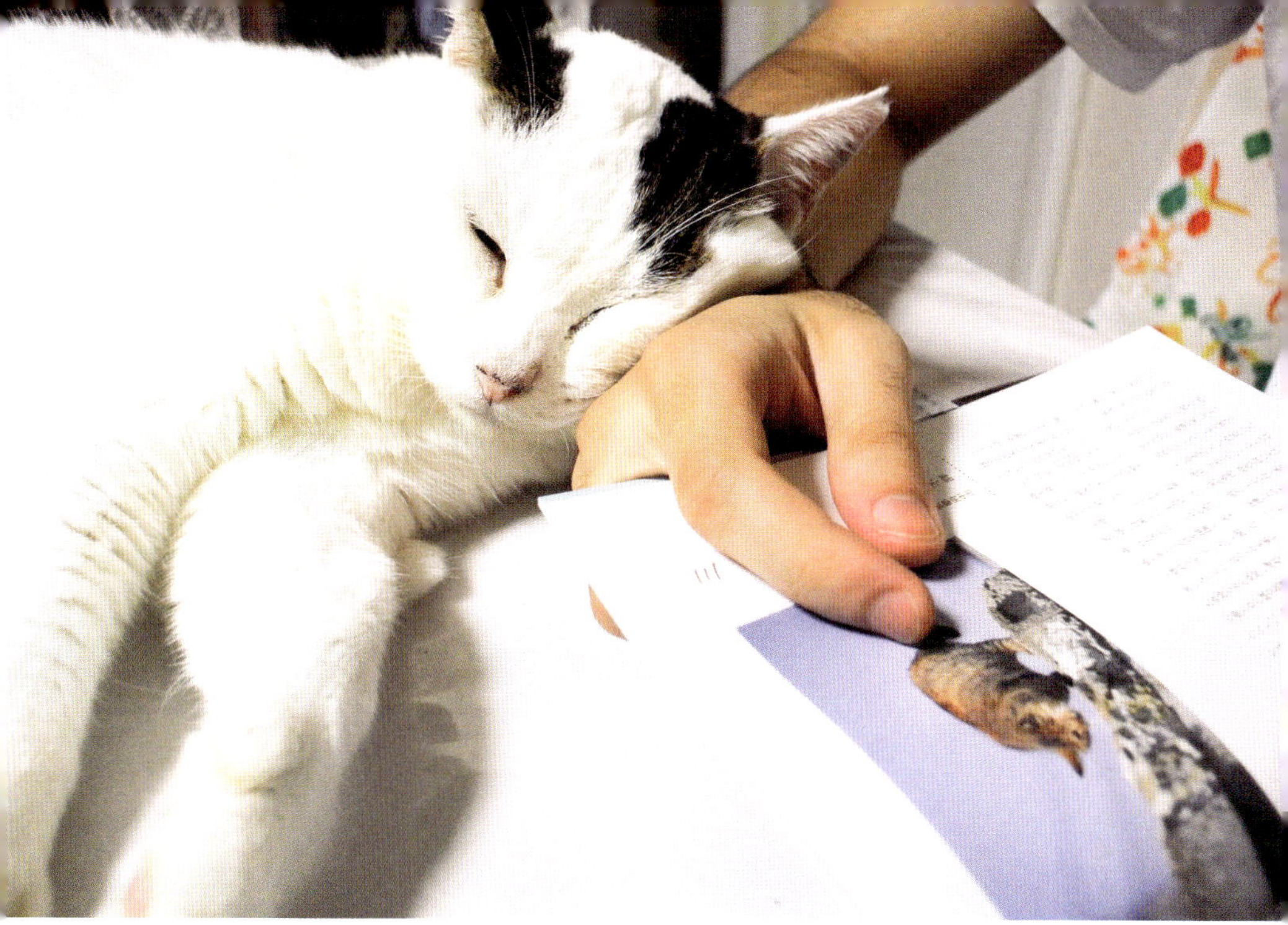

人間といるときが、いちばんリラックス

す。外猫時代の記憶があるからか、いじめられると思ってしまうのです。

逃げれば追いたくなるのが性。とらはすぐに反応して追いかけます。それがエスカレートしていって背中に噛みついて（全力でやっているわけではないけれど）毛をむしることになるのです。

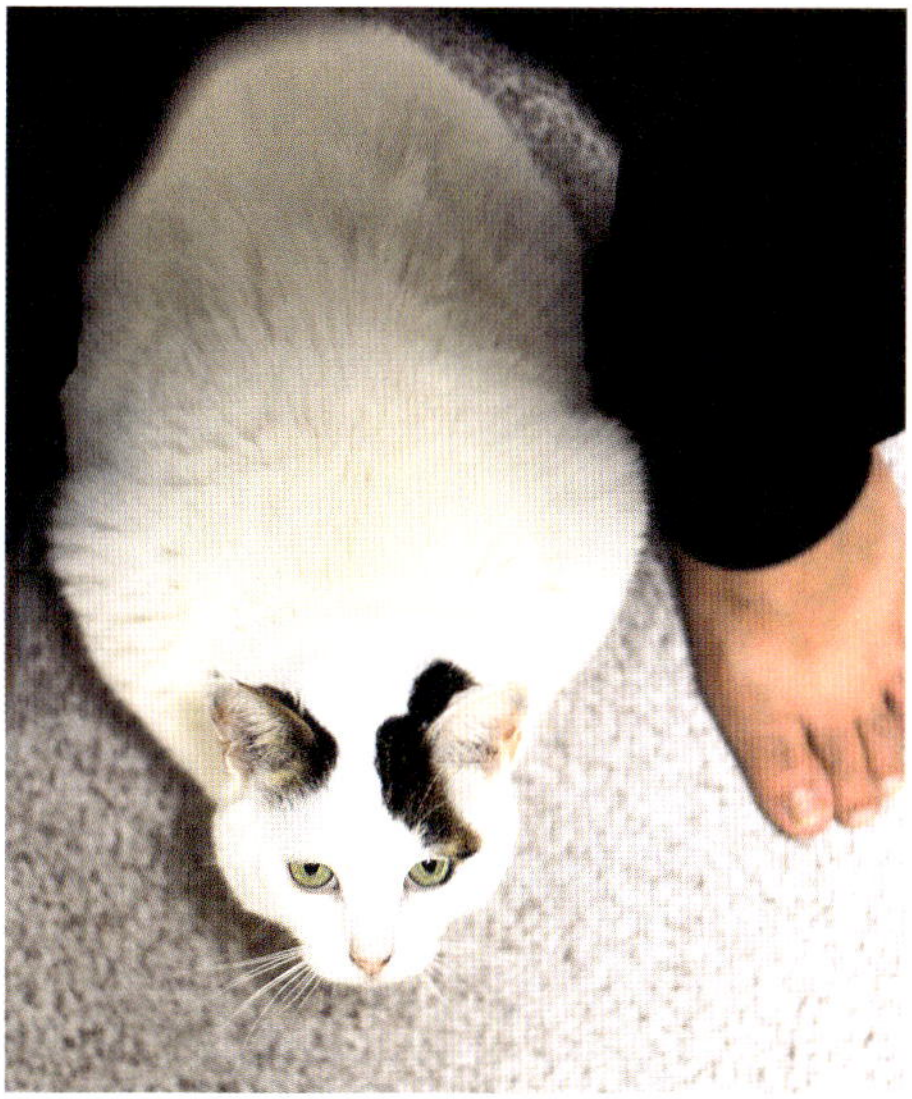

緊急避難した先は、私の股の下

ズーズーとひどい風邪をひいてしまったぽー

風邪が大流行

家猫のシロが抜歯によって免疫力が落ち、風邪をひきました。それが発端で、うちの猫全員が風邪をひいてしまいました。

中でもいちばん重症っぽいのが、ぽー。食欲がなくてほとんど動かず、ズーズー言っています。体重もすっかり軽くなって5・3㎏。こんなこと初めてだから心配です。

検査の結果、腎臓の数値が良くないことが判明。風邪は治ったものの、皮下補液を続けなくてはならないほど悪くなっているとのこと。気づいてやれなくて申し訳なかった。

がんばろうな、ぽー。腎臓の調子が少しでも良くなりますように。

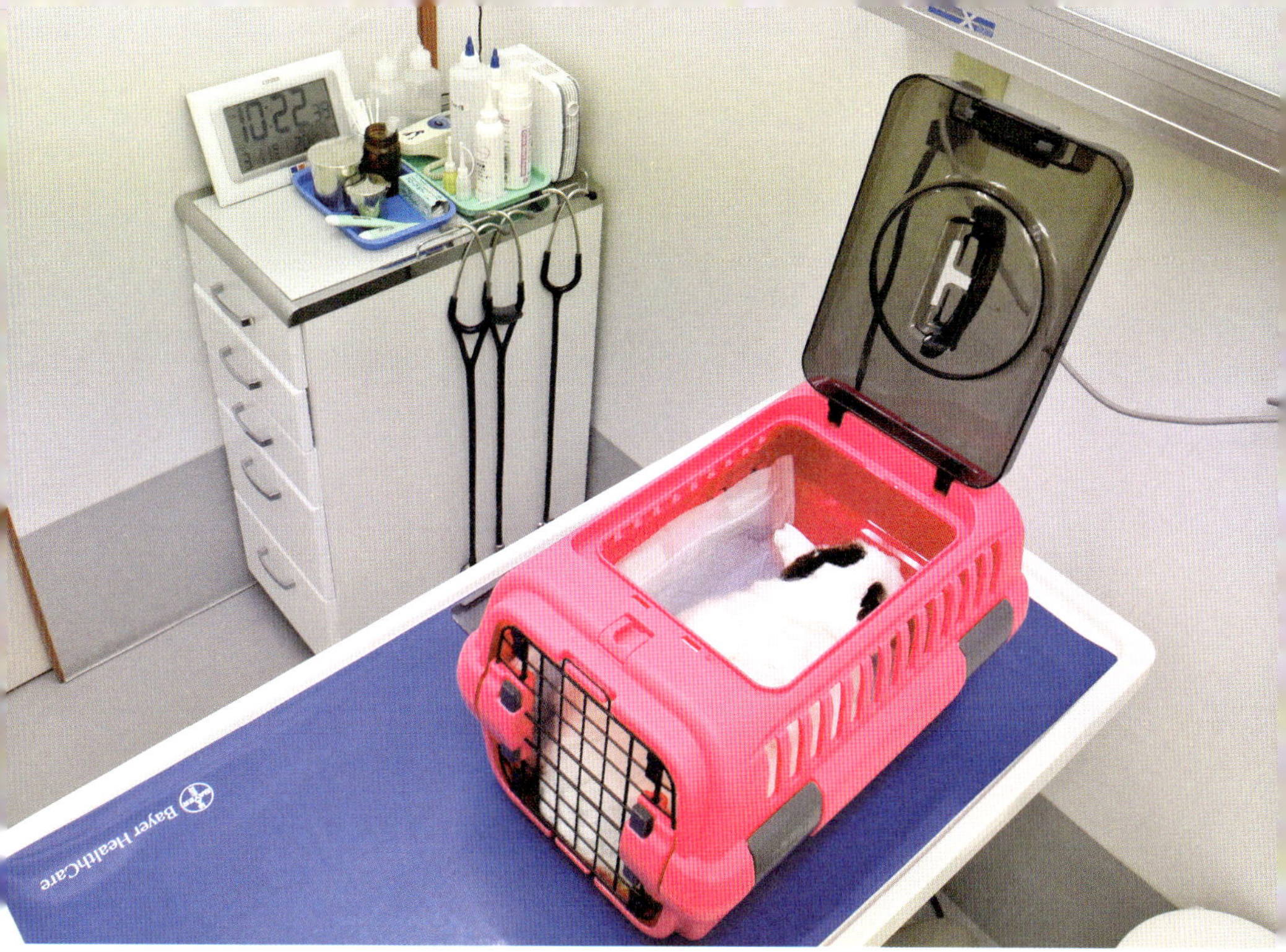

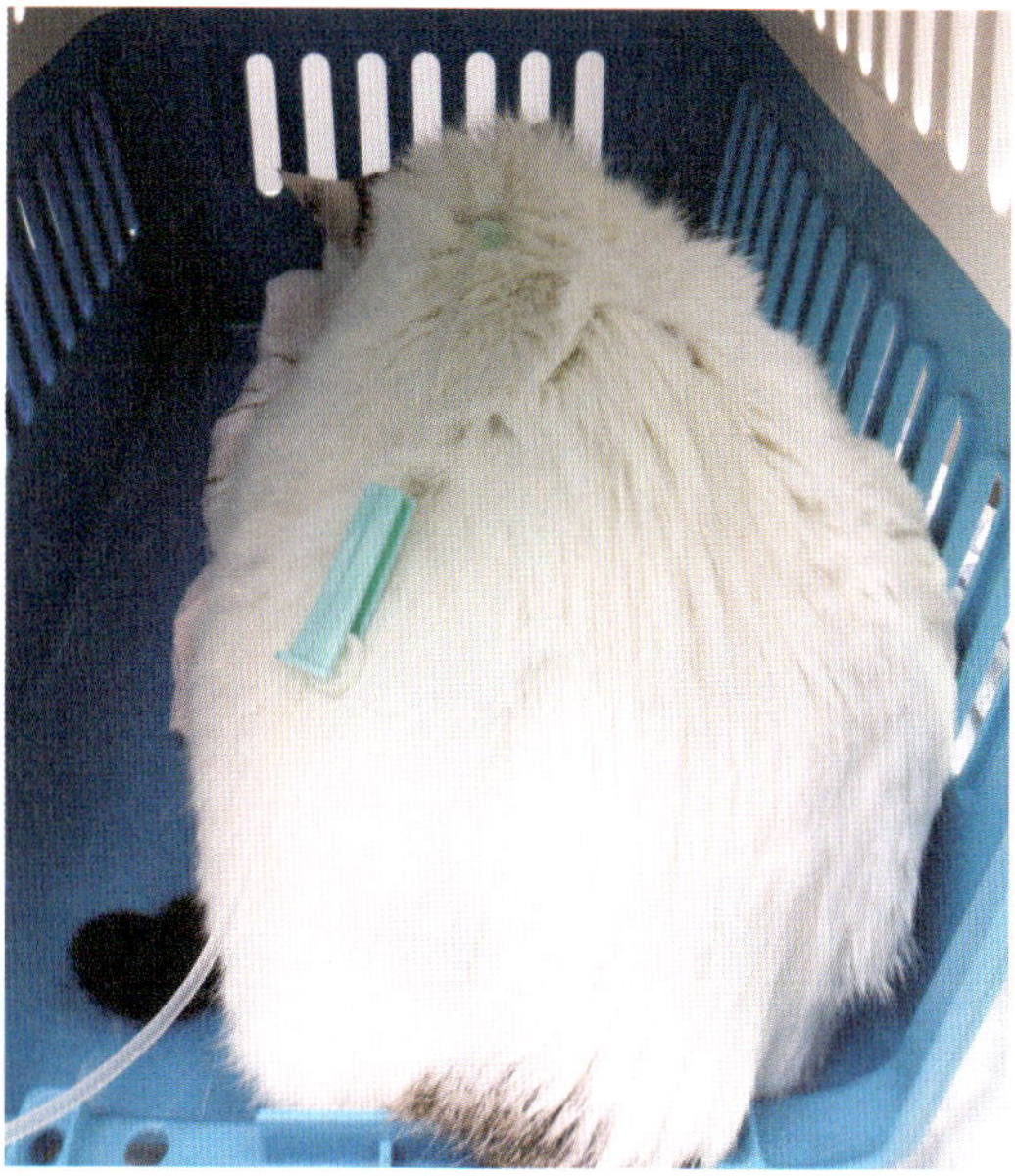

病院へ行って
点滴してもら
いました

週2回の補液を行いながら少しずつ体調が回復してきたぽーですが、あいかわらず最弱猫の地位は変わりません。

ボクは今、猛烈に緊張している

とらとぽー

とらはぽーが大嫌いらしい。ときどき襲いかかって背中を咬み、毛をむしります。だから、ぽーもとらが大嫌い……と思いきや、ぽーはとらが寝ているとそっと近寄り、

「この背後からくるプレッシャー……心の中のエマージェンシーアラームが鳴り響いている……」

「フンフンと、とらさんが匂いを嗅いでおられる。」

「だいたいこのあとは、背中に噛みつかれるのがいつものパターン。いつでも逃げられる準備はしておかないと……」

「フーッ。た、助かった……」

体をくっつけるようにして寝ます。この男心……わからん！（笑）

そういや野良猫時代でも、ミヨコさまに不用意に近づいては怒られていたなあ……。

写真は、ぽーの背後にとらがゆっくりと現れたときのもの。しかしこの時とらはぽーを襲うことはありませんでした。写真を撮っている私も緊張の一瞬でした。

そっと、とらに近づくぽー

がんばれ、ぽー！

そんなある日、快挙が！

ぽーは、とらが怖いけど大好きなんですよね。この日のとらは、ぽーに気づいていますが何もしませんでした。ぽーは、とっても幸せそう。このままぽーを受け入れてくれれば、うちは平和になるのですがねー。まずは一歩前進ってことですね。

とらが好きなのは、同じ家猫のまるだけです。でも、めったに他の猫を舐めないとらが、珍しくぽーの毛づくろいをしていましたよ。がんばれ、ぽー！

いつしか、とらまると一緒に寝るようになったぽー。良かったね。猫たちの世界で、相手に受け入れてもらうというのは大変なことなんだと思う。家の中に入れるのも

とらまると一緒に寝るようになったぽー

よーく考えてのことだったけれど、ぽーだけでなく、とらまるにもシロにもストレスをかけているから本当に申し訳なく思っているのです。

保護するというのも人間のエゴ。猫は、自分でそれを選択することができません。ならば精一杯、私たちが気をつけてあげないといけませんよね。

だんだんみんなが心を……

うちの中でいちばん立場の弱い子、それは、ぽー。みんなとくっつきたいのだけれども、基本は嫌がられています。しかし、ここへきて少しずつ変わってきています。

いつも襲いかかっていたとらは、少し優しくなったような気がするし(笑)。露骨に嫌がっていたまるも、ほんの少しだけど受け入れているような気がします。

いつも私の膝の上を独占しているシロですが、何とぽーが一緒に乗っても我慢するようになりました。

ぽーはいつも遠慮していて、近くに来ても膝に乗ることはなかったのに。しょうがないなあ~まったく(といいつつ、おっさん大喜び)。だんだん、だんだん、みんなが心を開いてきていますね。

ぽーがうちに来て、もうすぐ3年が経とうとしています。私やカミさんに甘えて、まわりの猫たちにも受け入れられ、穏やかな日々を過ごすようになりました。

ぼーがこの場所に来ると
いつも追い出していたシロも、
何もしなくなった

夜廻り猫 213
泣く子はいねが〜
むっ……飼い主の
涙の匂い——!
また遠慮して食いそこなったなぽーのやつ
ぽー
(野良時代)
おいしかったです また来ていいですか
おまえ去勢させてくれたんだ遠慮すんな
がり
あっ
キャー
またか・
家族が増えたぞ
ポーだよ よろしくねー
あらブサイク
とろそ〜
ブチ
キャー
こらー
あんなにいじめられたのにポーが看病してくれてんのよ
また拾っちゃった
ぴー ぴー
え!?
ぺろぺろ
今度は子育てか 飼い主殿ご夫妻がな
ぺろぺろ
「助かるなー」「ポーはやさしい」「大好き」だって
にゃはー
まま
まま
飼主が一生忘れない猫リスト 東京都 ぽー

Scene 4

子育てをする猫、ぽー

君はわが家に来た小さな命たちを、淡々と受け止めてくれていたね。
いけないことをしたときにはしっかり叱っていたけれど、
過剰に怒ることはしなかった。

子猫たちは思いっきり遊んだ後、君のところで寝息を立てていたね。

君には娘や孫のような大家族がいて、みんな幸せに巣立っていった。

彼らは君のことを忘れてしまっているかもしれない。
でも絶対になくならないことがある。それは"愛された"という感覚。

彼らは君に愛された。そして君も愛されていた。

怖がりの子猫マーラは、今日もぽーおじさんに舐めてもらっています。ぽーは偉いねぇ

マーラとぽー

ぽーがうちに来てから何匹かの保護猫がやってきましたが、ぽーはすべての子たちを受け入れてくれているような気がします。冷蔵庫の上で食事をしていたら、マーラに横取りされてしまいました。でも、怒りもせずにマーラに譲ってやります。

横取りされても怒らない

「ぽーおじさ〜ん」

ゴッツン！

「あうっ」

「しょうがないなあ、
舐めてあげるよ」

「舐めて〜舐めて〜
もっと舐めて〜」

「はいはい」

はなことエル

ぽーの腎臓の数値が悪化してきました。心配です。ちょっと体重も落ちました（夏ヤセだといいのだけど……）。補液の回数を増やして、お薬も飲ませてみます。もちろん引き続き療養食も。

ぽーの体調が少しずつ悪化しているとも知らず、はなこは子猫の魅力をフルに活かして甘えてきます。

太田家のおっさんふたりとも、はなこのかわいさにはメロメロでございます（おっさんふたり＝ぽーと私）。

ぽーが寝ていたところに、子猫のエルが

やってきました。無神経な子猫に横で寝られることは、ぽーにとっては大きなストレス。その感情はしっぽに表れます。

落ち着きなく動く、ぽーのしっぽ。しかしそれがまた、エルにとっては格好のおもちゃに。

温厚なぽーもここは怒ります。もう何度も見る光景です。

……が、ぽーのそばから動く気配なしのエル(笑)。ぽーはじっと我慢していましたが、しばらくたってから逃げるようにして移動しました。

ぽーのほっぺた

子猫たちはぽーおじさんが大好きで、ご飯の時と遊んでいる時以外は、ぽーにくっついています。安心しているのでしょう。今では、太田家になくてはならない猫となりました。それからしばらく、ぽーの存在が保護猫たちみんなを安心させてくれる、平和な日々が続きました。

そんなある日、ぽーの食欲が落ちているのに気づきました。顔を良く見たら、右側のほっぺがぷっくりと腫れているのです。

病院で診ていただいたところ、右上の犬歯の歯茎が膿んでいたことが判明しました。でも抜歯をすると麻酔が腎臓の負担となってしまうようで、今回は見送り。ステロイ

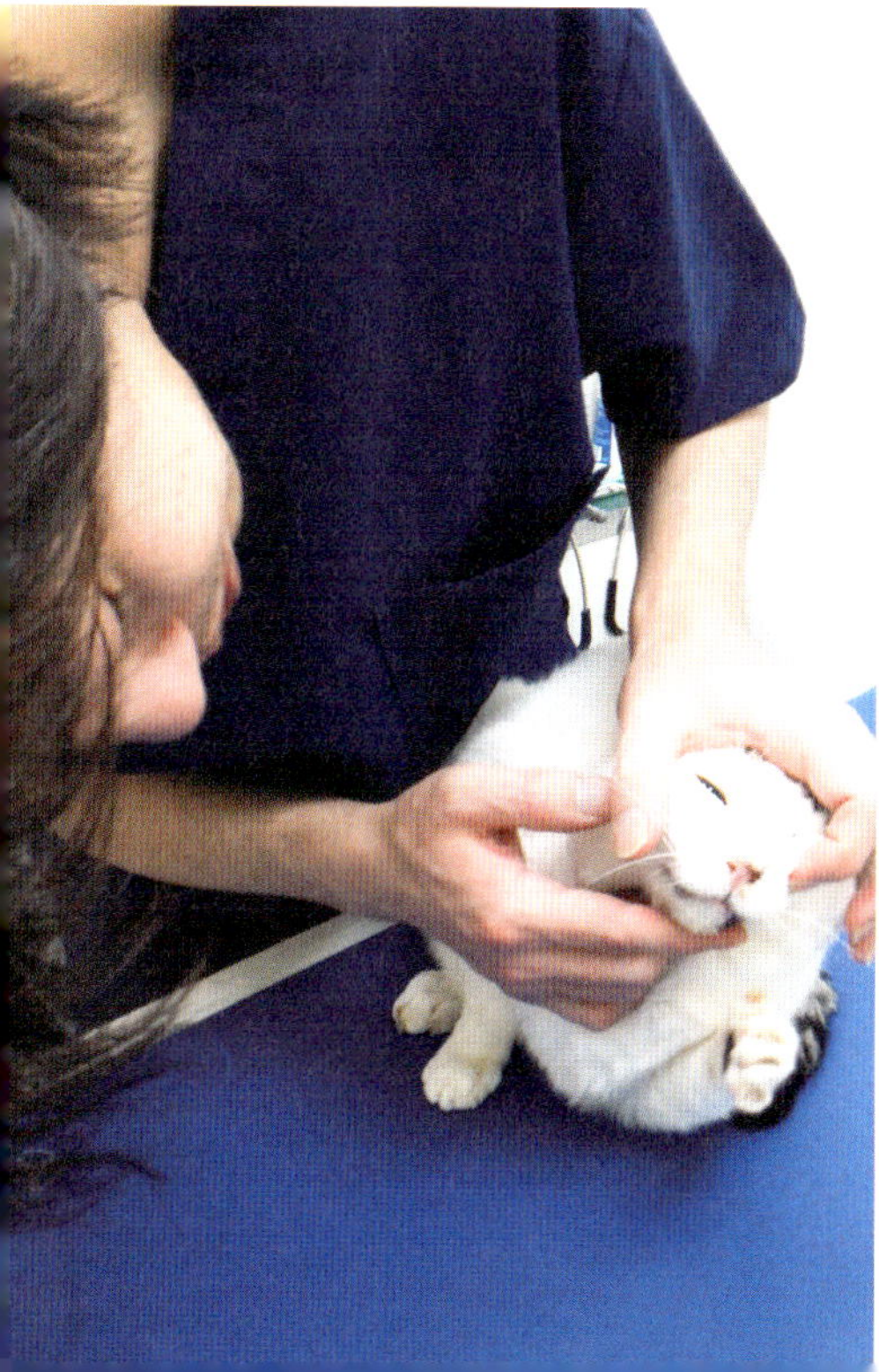

ドを投与して様子見をしようということになりました。

ところが、薬がまだ効きません。ぽーのほっぺは腫れたままです。食事も少ししか食べられないのです。結局、ぽーは抜歯しました。歯ぐきに膿が溜まり、それがなんと目から出てきてしまったのです。

ヒィィィ。

抜歯、その後

血の涙を流すぽーを見て、卒倒しそうになりながら病院へ。麻酔のリスクを少しでも減らすためと、ぽーの他の歯がわりと丈夫であったこともあって、2本のみの抜歯となりました。食欲も少しずつ戻ってきていますが、まだそれほど量が食べられません。ぽーはすっかり痩せてしまいました。早く元気になってほしいです。

腎臓の調子もさらに悪くなり、毎日補液を行わなければならなくなりました。抱っこをしながら補液すると、おとなしくしていてくれるので助かっています。

ぽー、補液をすれば楽になるから、少しの間ガマンしてね。

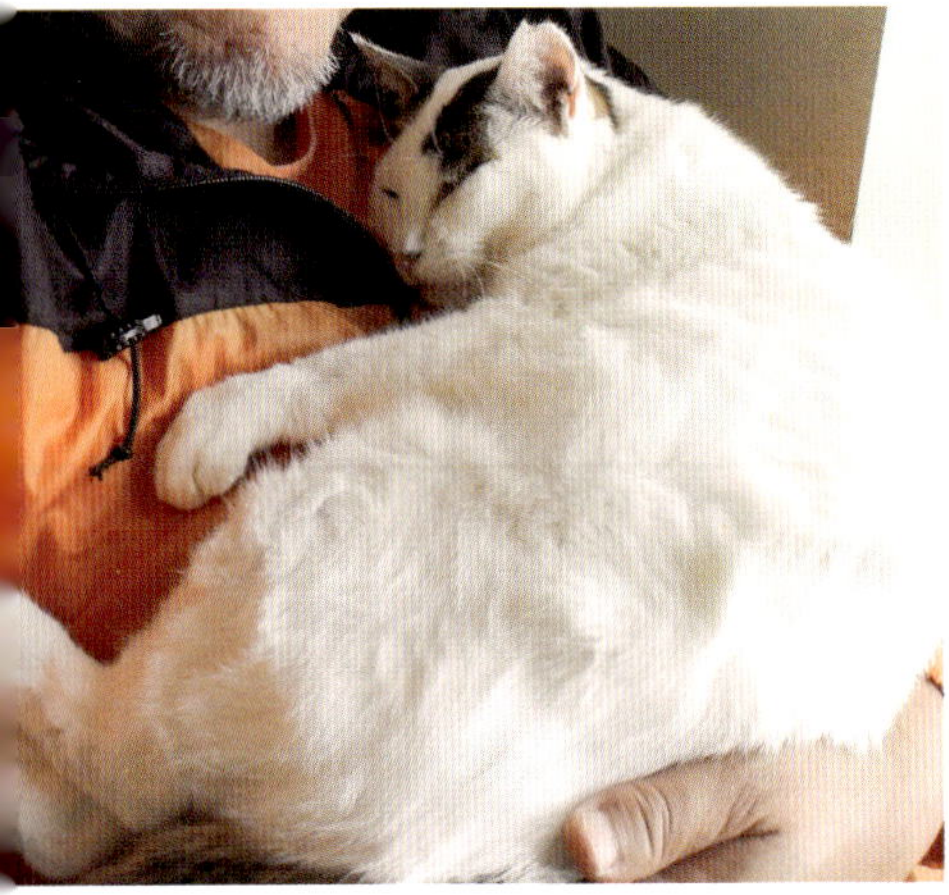

抱っこをすると安心するのか、
おとなしく補液をさせてくれます

瞳孔が開いたままに

ぽーの体調が、どんどん悪くなってきました。瞳孔が細く、目つきの悪いところがぽーの個性だったのに、瞳孔が開いたままになってきています。

検査したところ、腎臓の数値が最悪の状態であることがはっきりしました。これからは延命治療をするしかないようです。

ぽーがいつまで生きられるかはわかりませんが、最期のときまでしっかり見届けてあげたいと思っています。

外が気になるのかい？

うちでいちばん体の大きかったぽー。今ではすっかりやせてしまいました。病院では復活は難しいと……。ならばせめて、苦しくないように、痛くないように、辛くないように最期を迎えさせてやりたい。それが飼ったものの努めだと思っています。

うちに来るまでは外を自由に歩き回っていた、ぽー。外が恋しいかな？

しかし今の外は様変わりしてしまって、ぽーが外にいた頃とはまったく違ったものになっています。広い畑は工事現場に、ご飯をもらっていたお宅も立ち退きを余儀なくされ、身を隠すことができていた家と家の隙間もなくなってしまいました。

ぽー。お前はそれでも外が気になるのかい？

もう一度、思いっきり自由に走りたかったかな……？

ぽーは私の椅子が気に入ったようで、そこで寝ていることが多くなりました。水を近づけてやると時々飲んでくれます。

ゆっくり、ゆっくりと。
ぽーは、ゆっくりと、
まだ生きています。

鼻にチューブが入った状態のぼー。もう目はよく見えてないかもしれません

最期まで一緒にいたい

ぽーはまだまだがんばっています。固形物をとれないので、栄養剤を鼻からチューブで入れています。まだ自分でトイレにも行けますし、ジャンプして窓際にぴょんと乗ることも。お薬を飲んで少し楽になっているんじゃないかな？

薬も鼻チューブのおかげで簡単に飲ませることができてありがたいですね。でも、体が辛いのか、もう名前を呼んでもあまり反応してくれなくなってきています。この様子だと、もう二度と、ぽーのほうから私のお腹の上に乗ってくれることはないんだろうなあ……。

ぽー。最期まで一緒にいような。

ぽーが逝きました。

5月5日午前0時を過ぎた頃、ぽーが私の部屋に飛び込んできて、いつも使うトイレに一度入りました。しかしすぐに出て、私のデスクの足元でうずくまって嘔吐を始めましたが何も出ず。

呼吸が荒くなってから2～3分で動かなくなってしまいました。その間私は「ぽー、ぽー」と呼びかけながら、ずっと体をさすってやりました。

ぽーは私の手の中で息を引き取ったのです。

ぽー、ぽー。

「……何？」

いや、何でもないよ。
ちょっと呼んでみたかっただけ……。

Profile

太田　康介（オオタ　ヤススケ）

1958年9月23日生まれ。滋賀県出身。フォトグラファーアシスタントを経て、編集プロダクションにカメラマンとして入社。1991年よりフリーに。日本写真家協会(JPS)会員。
報道カメラマンとしてボスニア・ヘルツェゴビナやアフガニスタン、カンボジア、北朝鮮などを撮影。東日本大震災後は、原発周辺に取り残された家畜やペットの写真を撮るとともに、飼い主のいない猫のTNR(地域猫化)と給餌活動を続けている。著書に『のこされた動物たち』『待ちつづける動物たち』(飛鳥新社)『しろさびとまっちゃん』(KADOKAWAメディアファクトリー)『うちのとらまる』(辰巳出版)など。

章扉の文

太田　あきこ（オオタ　アキコ）

Blog　うちのとらまる

http://uchino-toramaru.blog.jp/

やさしいねこ

発行日2017年10月18日　初版第1刷発行
　　　2017年11月30日　　　第3刷発行

著　者　　太田康介

発行者　　久保田榮一
発行所　　株式会社扶桑社
〒105-8070
東京都港区芝浦1－1－1　浜松町ビルディング
TEL. 03-6368-8875(編集)
03-6368-8891(郵便室)
www.fusosha.co.jp
編　集　　北村尚紀　(扶桑社『週刊SPA!』編集部)
デザイン　下田和政
印刷・製本　図書印刷株式会社

 ISBN 978-4-594-07834-8